赵昶水／编著

舍与得

智慧人生，品味舍得，

舍是一种智慧，得是一种勇气，

舍与得的智慧是解决我们心灵所有烦恼的强大力量。

新 华 出 版 社

图书在版编目（CIP）数据

舍与得 / 赵昶水编著. -- 北京 ：新华出版社,2016.7
ISBN 978—7—5166—2683—2

Ⅰ．①舍… Ⅱ．①赵… Ⅲ．①人生哲学－通俗读物 Ⅳ．①B821-49

中国版本图书馆CIP数据核字(2016)第164004号

舍与得

编　著：赵昶水

选题策划：许　新　　　　　　　责任编辑：石春凤
封面设计：木　子

出版发行：新华出版社
地　　址：北京市石景山区京原路8号　邮　　编：100040
网　　址：http://www.xinhuapub.com
经　　销：新华书店
购书热线：010-63077122
中国新闻书店购书热线：010-63072012

照　　排：宇　天
印　　刷：永清县晔盛亚胶印有限公司
成品尺寸：170mm×240mm
印　　张：15　　　　　　　　　　字　　数：200千字
版　　次：2016年9月第一版　　　印　　次：2016年9月第一次印刷

书　　号：ISBN 978—7—5166—2683—2
定　　价：36.80元

前 言

古人说："相由心生，烦恼皆自添，若为舍不得，又怎寻快乐？"

舍得是成就卓越的必有心态，有取有弃，低调淡泊，体现出了坦荡洒脱的人生追求。为利所扰，因为舍不得而忧虑，而为情所困。人要快乐，就要舍得。拥有了正确的舍得心态，学会取舍的智慧，懂得进退的真谛，就能够享受美好的人生。

舍得是人生智慧的精髓，舍得是走向成功的起点。一旦掌握了舍与得的要领，你的事业会因有了勇敢的追求而绚丽多姿，你的生活会因有了明智的舍弃而更加精彩。在生活中，我们要好好体会"舍得"的真谛。我们需要通过"取舍"来丰富人生，在"舍得"中体现智慧，在"舍得"后感悟人生。星云大师说："心随境转则不自在，心能转境则无处不自在。"拥有了正确的舍得心态，学会取舍的智慧，懂得进退的真谛，就能够享受美好的人生。

我们在生活中，时刻都在取与舍中选择，我们又总是渴望着取，渴望着占有，常常忽略了舍，忽略了占有的反面：放弃。

懂得了放弃的真意，也就理解了"失之东隅，收之桑榆"的妙谛。多一点中和的思想，静观万物，体会与世界一样博大的诗意，我们自然会懂得适时地有所放弃，这正是我们获得内心平衡，获得快乐的好方法。

舍与得虽是反义，却是一物的两面，相伴相生，相辅相成。关于舍得，佛家认为：舍就是得，得就是舍，如同"色即是空，空即是色"一样；道家认为：舍就是无为，得就是有为，即所谓"无为而无不为"；儒家认为：舍恶以得仁，舍欲而得圣；而在现代人眼里，"舍"就是放下，"得"就是成果。其实人生就是一个舍与得的过程，人们常常面临着舍与得的考验。功过成败，皆在取舍之间；喜怒哀乐，多由"舍"与"得"之间的艰难抉择而生。在人生旅程当中，要如何抉择、如何取舍，是一门很大的学问。你若真正把握了舍与得的机理和尺度，便等于把握了人生的钥匙和成功的机遇，就懂得了人生的真谛。

《舍与得》告诉大家的就是这样一个道理：人生必须先舍弃一些东西，才能获得更好的收获；人生只有懂得"舍"，才能更成功地"得"。本书旨在帮助读者掌握人生中的舍弃与获得的智慧和博弈技巧，从中获得积极的生活、工作心态和正确的处世方式。

第一章　舍得是一种快乐

人活一世本就图个快乐，可是人的贪婪与无止境的欲望使得我们对现实中的物质利益欲壑难填，活得极没有自由，在人生的征程中留下了遗憾与痛苦。其实生活很简单，只要能舍二取一，不贪不争，为自己内心想要的去追随，舍名利得梦想，舍痛苦得快乐。

第二章　舍得是一种境界

舍得，舍得，有舍才有得。舍和得，就如因和果，是相关又互动的。放弃了一些，才能收获到别的。至于应该放弃什么，争取什么，就要看你想得到什么了，这就是所谓鱼与熊掌不可兼得。

第三章　舍得是一种智慧

糊涂者不愚，只是懂得取舍有度，不为小事所累；糊涂者不傻，只是深知淡然处世，不为恩怨所牵；糊涂者不笨，只是无欲无贪，海纳百川，不为尘事所染。糊涂是福，得糊涂者必处事有度，公私分明，得快乐之心。

第四章　舍得是一种心态的平衡

心灵的房间，不打扫就会落满灰尘。扫地除尘，能够使黯然的心变得亮堂；把事情理清楚，才能告别烦乱；把一些无谓的痛苦扔掉，快乐就有了更多更大的空间。

第五章　舍得是一种幸福

放下是一种解脱，是一种睿智，它可以放飞心灵，可以还原本性，使你真实地享受人生；同时，放下也是一种选择，没有明智地放下就没有辉煌的选择。进退从容，积极乐观，必然会迎来光辉的未来。

第六章　取舍切忌有贪念

　　过分的贪婪，过分的要求，就会变成一种耻辱，一种让人讨厌的东西，更为可怕的是，它能打消你的自信心，打消你的追求心，摧毁你的精神动力，到最后变得没有人生价值，而且有可能被千人所骂。

第七章　放下才会有所得

学会放下，是生活的智慧，是心灵的学问。人生在世，该放下时就放下，您才能够腾出手来，抓住真正属于您的快乐和幸福。

第八章　退一步海阔天空

"退一步海阔天空，让几分心平气和。"这就是说人与人之间需要宽容。宽容是一种美德，它能使一个人得到尊重。宽容是一种良药，它能挽救一个人的灵魂。宽容就像一盏明灯，能在黑暗中放射万丈光芒，照亮每一个心灵。

第九章 舍弃计较，赢得宽容

古人常言："宰相肚里能撑船，将军额头能跑马。"做人要有宽阔的胸怀。为理想而奋斗的过程中需要这份宽广的胸襟，学习生活工作中需要这份气度，同事朋友夫妻之间需要这种宽容，而我们的社会使命也需要你有像蓝天一样宽广的胸襟。

第十章　放下输赢

输赢都是过眼云烟，给他人一点宽容，赢了棋不炫耀，输了也不给对手难堪。不要把自己的愤怒发泄在对手的身上，辱骂或者羞辱对手都是在贬低自己的人格。今天的对手也许就是你明天的好朋友，多给朋友一些关爱，在输赢面前坦然自若。

第十一章　舍才有得

人可以在矛盾中领会真谛、领会得失，人生都是在矛盾中度过的，因此，人生会有很多取舍，只不过在某一时刻、某一时段有人取得多一点，有人舍弃多一点。

舍与得

第一章
舍得是一种快乐

人活一世本就图个快乐，可是人的贪婪与无止境的欲望使得我们对现实中的物质利益欲壑难填，活得极没有自由，在人生的征程中留下了遗憾与痛苦。其实生活很简单，只要能舍二取一，不贪不争，为自己内心想要的去追随，舍名利得梦想，舍痛苦得快乐。

舍得是一种快乐

舍得是一种心境，古人有云："相由心生，烦恼皆自添，若为舍不得，又怎寻快乐？"为利所扰，舍不得而忧；为情所困，舍不得而痛。人要快乐，就要舍得。

舍得是一种智慧：鸟为食亡，人为财死，人为事业执着，为金钱奔劳，这固然是好事，但是当你为了不属于自己但是舍不得放弃的事去损害别人的利益，这就会得到不好的结果，想再找回快乐，就会很难，只有懂得舍弃，才会懂得快乐。

在很久很久以前，有一个国王，他可以说是上帝的宠儿，他有着爱他的妻子，有着最崇敬他的儿女，而且他还有着信任他、听他指挥的士兵，有着一国忠于他的人民，但是他却有着一种超越生、死、病、老的追求，为了这种追求，他决定离开这里，放弃这里，因为这里的美好会让他沉迷，会让他舍不得离去。

当他拿下头上的皇冠，把这顶象征着权力和财富的帽子戴到自己聪明的儿子身上时，他突然有一种满足和快乐，他离开这个爱他敬他的地方，为着自己的追求，走遍千山万水，看尽人世间的丑与恶，他用自己的血肉之躯冲破漆黑与阴冷，以自己的智慧，照亮尘世中挣扎迷茫的人民。

他被人当作了神，见到了他就见到了光明，后来他完全抛弃了自我，舍弃了一切，经受了无数的考验与诱惑，他终于参悟了真相，知道了轮回之说，懂得了什么叫作生生不息，什么叫作源源不断，一举得道成佛，他就是后来人们常说的释迦牟尼佛。

不被外界事物所惑，不被物质所累，不在权力面前放弃自己想要的东西，为了自己的追求宁可舍得一切，这是一种大智慧，是一种大舍，他用这种舍得精神，获得了自己想要的东西，获得了一种满足，一种快乐。

在今天的社会中，有太多的人为着自我的利益而处处破坏着别人的利益，阴谋、诡计害得他人受到伤害，到最后自己也落不得好下场，后悔却再也换不回来曾经的快乐与坦荡，不是所有执着的东西都是美好的，不是所有的欲望都能满足的，要有自己的思想与智慧，知道人生中最重要的是什么，面对所有的诱惑与利益，要适可而止，欲舍而得乐。

大千世界，万物有情，就是因为有太多的不舍而迷失了双眼，看不到了应有的幸福与快乐，其实舍与不舍都是心中所想，舍平坦大道，闯危险山洞，出得洞来豁然开朗，什么叫作别有洞天，什么叫作美好人生，在于舍与不舍。

有一个女子喜欢上了一个男人，可是这个男人根本就不认识她，为此她对佛说："能让我变成他身上的一样东西吗，长在最显眼的地方，那样他每天都会看着我。"佛于是把她变成了男人手心里的一颗痣，男人每天都带着她走南闯北，可是有一天男人看到这颗痣却心烦了，为此用刀挑掉这个东西，痣从男人身上脱落了，而男人脸上的泪水却流下来了。

女子问佛这是为什么？佛说你在看男人的眼睛时却没有发现他每天眼眶中打转的泪水吗，那是一个很早就喜欢你的男人，他为你变成了男人的眼泪，每当看着你难过时就会溢出泪水，现在他为了你流了出来，生命也在阳光中蒸发了。

女子由于对男人的痴迷却忘了自己身边的幸福，她不舍得丢掉那份不属于自己的期待，却再也得不到自己应得的幸福与快乐了。

是啊，当为某一种事物迷惑的时候却忘记了看身边的美好东西，也许人生中有太多的留恋，也许人生中有太多的不舍，所以人生中才有那么多的痛苦。用智慧之心舍二取一，用人生经历领悟有舍有得，舍痛得乐。

放弃，是一种智慧，是一种豁达，它不盲目，不狭隘。放弃，对心境是一种宽松，对心灵是一种滋润，它驱散了乌云，它清扫了心房。有了它，人生才能有爽朗坦然的心境；有了它，生活才会阳光灿烂。

1998年的诺贝尔奖得主崔琦，在有些人眼里简直是"怪人"：远离政治，从不抛头露面，整日浸泡在书本中和实验室内，甚至在诺贝尔奖桂冠加顶的当天，他还如常地到实验室工作。更令人难以置信的是，在美国高科技研究的前沿领域，崔琦居然是一个地地道道的"电脑盲"。

他研究中的仪器设计、图表制作，全靠他一笔一画完成。而一旦要发电子邮件，也都请秘书代劳。他的理论是：这世界变化太快了，我没有时间去追赶！崔琦放弃了世人眼里炫目的东西，为自己赢得了大量宝贵的时间，也赢得了至高无上的荣誉。

人的一生很短暂，有限的精力不可能方方面面都顾及，而世界上又有那么多炫目的精彩，这时候，放弃就成了一种大智慧。放弃其实是为了得到，只要能得到你想得到的，放弃一些对你而言并不必需的"精彩"，又有什么不可以呢？贪婪是大多数人的毛病，有时候只是一味抓住自己想要的东西不放，就会给自己带来压力、痛苦、焦虑和不安。往往什么都不愿放弃的人，结果却什么也没有得到。

不是说舍就是要放弃所有，而是冷静看待事物，仔细观察身边的事情，该舍就舍，不要盲目追求，得到不好的结果，舍得让你痛苦、不快乐的东西，舍得让你不安心、忧愁的东西，舍弃让你背信弃义、善恶不分的东西，得其纯真，得其安心，得其快乐。

人生总要面临许多选择，也要做出一些放弃。要学会选择，首先要学会放弃。

放弃是为了更好地调整自我，准备良好的心态向目标靠近。特别是在现代社会中，竞争日趋激烈，每个人的生存压力也越来越重，于是每个人都身不由己地变得"贪心"。追求太多，其失望也越深，所以一定要保持一个清醒的头脑，做好人生的取舍。

人生路漫漫，生活却短暂，幸福要自己去把握：只有学会舍得才能获得快乐。

海纳百川，知足常乐

学会知足常乐，满足自己的优点和缺点，人无完人嘛，干吗为那些不必要的事而悲伤呢，与其痛苦地活着还不如笑着面对呢，说不定你在满足中就会得到自信，得到快乐。

海纳百川，知足常乐，人活一生还不图个潇洒快活，要想知足就要脚踏实地，不因物喜不因己悲，保持平常之心，拥有正常情感，为自己喝彩，为自己加油，知足中不断耕耘，知足中不断进取，知足中不断创新，知足中感恩生活，享受快乐。

知足是一种精神：不知足者贪，由贪生恶，算计一生，享得一世福，却终日不欢，莫道世人笑他贪；知足者善，无欲无求，满足于一念之间，笑口常开，自得其乐。

满足人生，活出平常之心。

智者乐水，仁者乐山，每一个人的喜好都有所不同，在不同的喜好中做着不同的事，所以不必为别人的战功感到眼红，不必为别人的骄傲感到自卑，懂得好好爱护自己，满足人生。

人活在世上，就要懂得知足，懂得去满足自己的人生。

有一次村里举行画画比赛，要求画一条很逼真的小蛇，很多画家都争相观摩，而里面也有一个画家画得非常好看，他画好自己的画时，发现别人的也别有风味，就想着把别人的好能够补到自己的画里。

他的想法非常好，把自己画得不好的地方改掉，可是当他画好后，又想出与别人不同却比别人多点啥的点子来，就在蛇的下部添出四只脚，画是画好了，可是一交上去便惹得大家哄堂大笑，是啊，蛇有脚吗，本来他的画是最好的，可是由于自己的不满足，非要在画上再添四只脚，使得自己的画却比任何人的都要难看了，自然这次参赛他也落选了。

由于自己的不知足，结果适得其反。人生也是一样，不管是在什么位置上，都要懂得满足，不是说自己的工作不好做，看着别人的就喜欢，而应该是静下心来试想一下，如果自己真的处于那个位置了会真的干得开心吗？

大凡生活在社会之中的人都不满足，不管是什么人都在抱怨上天不公，却不知道比自己不如意的人还有很多，如果自己都不知足，那么未来的生活你又怎么去创造成功，要先知足，认清现实才能干出成就，然后获得满足与快乐。

有一个国王，总是郁郁寡欢，于是他就派手下的人四处寻找一个快乐的人。这位国王命令道："等你找到那位快乐的人，就把他带回来。"国王的人到各处找了好几年，也没找到一个快乐的人。终于有一天，当他走进一个最穷的国家的贫困地区时，听到一个人放声歌唱。循着歌声，他找到一位正在田间犁地的人，他问犁地人："你快乐吗？"

"我没有一天不快乐。"犁地人答道。

于是，国王的使者就把他此次使命的意图告诉了犁地人。

犁地人不禁大笑起来，为了表示感谢，犁地人又说道："我曾因没有鞋子而沮丧，直到我在街上遇见一个无腿的人。"

一国之王，荣华富贵，锦衣玉食，却为寻找快乐而郁郁寡欢；一个贫苦农夫，平平凡凡，自给自足，却"没有一天不快乐"。而他们快乐与否的区别却在于：农夫说过"曾因没有鞋子而沮丧，直到我在街上遇见一个无腿的人"。

所谓众生平等，不管是干什么，做什么的，只要能知足常乐，把一切名利看轻，不去为一些不相干的事情执着悲观，那么就会为一点事情感到满足，感到快乐的。

　　快乐是一个人的最高境界，就好像喜欢看武打片子的人不去看《红楼梦》，只要好就喊着精彩，喊出心中的兴奋；又好像是面对自己喜欢的人突然消失，或者对自己说分手，不要去寻死觅活的，要懂得放弃，洒脱离开；朋友不幸，也无须怨天尤人，坦然一笑；自己不美，不漂亮，也无须每天对镜照看，要活出自己的精彩，活出自己的美好。

活出一种大度之心

当我们把自己的喜欢当成一种享受，在工作中享受着那一份独有的娴静与清雅，享受着工作之后的成就感，享受着工作过程中的那一种满足，知道人生苦短，岁月如流，所以我们就要乐天知命，而不是因为不满足弄得什么都没有情调，干什么事都提不起劲来，那样生活着还有什么意义。

把生活看淡一些，活出一种平常之心，那么人生就会很容易满足，当你满足了你的事业，满足了你的家庭，你还有什么心思去和别人较真，和别人攀比，你的心都被自己的这一份满足占满，满脑子都想着上班的事情，下班的甜蜜，天天乐在其中，这不是一种快乐又是什么？

生活中为着一点事就大吵大闹，工作上因为一点失误就怕这怕那，到最后是离婚协议拿左手，离职通知拿右手。何不大度一点满足生活，看到一些不顺眼的事就包容一下，看到错误就大度一点，认真改过，把自己放低一点，把别人抬高一点，你也许会有着更多的快乐。

有一个公司的经理，他对工作可以说是兢兢业业，对家人可以说是关怀备至，就是太过自私，看到一点不顺眼的就会鸡蛋里挑骨头，要是有人小声抗议一下，他就会把人严训一番，然后再施以小惩，使得很多同事都不喜欢他，什么话都不和他说。

他回到家以后，虽然也帮这帮那，但总是这也不顺眼那也不顺眼，为此经常跟老婆吵架，而且看到老婆出去就质问一番，生怕老婆跟别人跑了一样，不管是在有人还是在没人的时候都是这样，看起来是出于一种关心，但是却忽略了老婆的想法。

到最后公司推行民主选才意见，他被所有员工给予了差评，而他的老婆也因为受不了他这种疑神疑鬼的做法，就提出与他离婚，他一下陷入了生活的痛苦中，到后来还是想不通自己做错了什么，反而挑剔别人的毛病，说这个不好那个不好，自己对老婆多好却换来老婆的离婚，对工作多敬业却得到下岗待业的通知。

本来一个幸福美满的人生，被他的自私夺去了一切，他如果能看开一些，不要那么较真，在工作中对别人施以恩惠，晓之以理动之以情，我想他现在一定是所有人的模范，公司人人爱戴的经理了，他要是把对老婆的这种自私关心发扬到体贴之中，给老婆以信任和包容，那么两个人肯定是恩爱一生。

只因为太在乎所以就想自私地把它变成自己的，什么都想占有，对它严加看管，容不得半点瑕疵，但是很多东西都不一定是完全占有才是最好的，如果大度一点，把一切看得很平淡，为着一点赞美就感恩生活，为着一点关怀就知足常乐，那么人生就不会出现许多不如意之事了，伴随着的将是笑声与快乐。

打开心灵之窗

不要去理会黑暗里的无助，如果感到难过了就把自己的心灵打开一扇窗，让光芒透进来，为自己点亮一盏灯，使自己永远保持乐观的心情，那么就永远不会有什么烦恼，也不会有什么难过，只要记得烦恼不是别人给你的，都是自己感觉的，只因为自己忘记了打开一扇窗，没有给自己一个乐观的心。

有一座很长时间没有人住的阁楼，由于整天被密封着，年久失修，所以厚厚的布帘和满是灰尘的窗户就遮住了阳光，屋子看起来十分阴暗与恐怖。

一天，来了两位年轻人，他们看到这个黑暗的屋子，又看看外面的美好阳光，就想把外面的阳光扫一点点进去，于是他们就在屋外不停地打扫，可是当他们把地上的阳光扫进桶里再搬到阁楼里的时候，阳光就又没有了。

他们感到很困惑，为什么自己做的努力都没有成功呢。就在他们两个失望的时候，又有一个年轻人过来了，看到两个人的举动，大声笑了起来。

他没有说些什么，只是来到满是灰尘的窗台前，轻轻打开了一扇窗，阳光顺着那个地方透了进来，一下子，整个屋子就亮堂了起来。

是啊，当我们在为着自己的烦恼忧郁的时候，为什么没有想到给自己打开一扇窗呢，其实每一个人都懂得这个道理，但是当他被这些黑暗影响了心情的时候，他们根本就不会去考虑这些很简单的解决之法。

为别人也为自己留下一片光明，给自己打开一扇心灵之窗，用自己的乐观去感染别人，也给自己增添美丽，只要自己懂得烦恼皆因自己起，只要能够稍微地调整一下，那么你就会感到人生中的美好。

　　当我们自己拥有了快乐之心的时候，就一定也会有着一颗爱心，只要我们拿出自己的大度来，把一切美与丑、善与恶包容起来，那么世界上一切都会变得美好与乐观。

　　有一天，一个年轻的小伙子由于懒散也没有家人管教，他上网没了钱，就跑到一个老奶奶的房间要去偷钱，老奶奶躺在床上听到他的声音，只知道是一个还很年轻的小伙子，就不想看他一生被无知埋没，她就很平淡地说："钱在抽屉里，柜里没有。"好像对自己的孙子一样关爱。

　　小伙子拿到了钱正要走，老奶奶又说："收到东西也不说声谢谢啊。"

　　"谢谢！"突然小伙子愣住了，一下想起自己是来偷钱的，可是看一下老奶奶，他的心十分不是滋味，就放了一些回去。后来小伙子被警察抓到了，就来到老奶奶的家问情况，老奶奶说："是我给他的，他没有抢。"小伙子十分感动，就跪到了老奶奶面前说："以后一定要洗心革面，做一个好孙子，你就是我的亲奶奶啊。"

　　老奶奶感恩生活，她知道小伙子有着一颗善良的心，只不过是因为没有家人，没有得到过关心，才会做出这些事来。她用自己的一颗爱心去教育了他，使得他明白了好与坏，美与丑，到最后两个人变成了一家亲。

　　难过之事有，烦恼也随之而来，但是只要记得用自己的大度给自己带来一份快乐心情，遇到什么事情都不去计较，如果没有阳光透进来，就自己动手打开一扇心灵之窗，那么你也就不会再有烦恼，当你懂得用感恩的心去生活，去包容一切的时候，别人也会被你这种爱心打动，使得身边的人都能健康快乐地成长，笑声常在，烦恼从此离开自己。

放下才会快乐

"放下就能快乐"是一颗开心果，是一粒解烦丹，是一道欢喜禅。只要你心无挂碍，什么都看得开、放得下，何愁没有快乐的春莺在啼鸣，何愁没有快乐的泉溪在歌唱，何愁没有快乐的鲜花在绽放？

在我们每个人的心灵深处，都会有一块属于自己的纯洁圣地，快乐就隐居于此，她操纵我们每天的心情：时而像万里晴空中的朵朵白云悠然自得，时而又像雨后的彩虹绚丽夺目，时而感受春风送来的问候，时而享受白雪皑皑中的那份宁静。

然而，身居闹市的我们发现：我们的心情越来越难以驾驭，承载她的那块圣地正在渐渐地脱离我们的身体，离我们越来越远……取而代之的却是整天被名缰利锁缠身，陷入你争我夺的境地。我们肩负着不断追求名誉、金钱、权势等太多的累，不停地为自己描绘着自以为前程似锦的美好蓝图。就这样，我们在名利的诱惑下，一天天地在世俗的旋涡中挣扎，越陷越深……

有一个富翁背着许多金银财宝去寻找快乐，可是，走过千山万水也未找到，于是他沮丧地坐在山道旁。这时，一位农夫背着一大捆柴草从山上下来。富翁说："我是个令人羡慕的富翁，为何没有快乐呢？"农夫放下沉甸甸的柴草，舒心地擦着汗水说："快乐也很简单，放下就是快乐呀！"富翁恍然大悟：是啊，自己背着沉重的财宝，既怕人偷又怕人抢，还怕被人谋财害命，整天提心吊胆，快乐从何而来？于是，富翁放下财宝，并用它接济当地的穷人。从此，富翁不再担惊受怕，忧心忡忡，反而因为帮助了穷人，得到了穷人的感激和爱戴而快乐起来。

放下压力，活得轻松；放下烦恼，活得幸福；放下自卑，活得自信；放下懒惰，活得充实；放下消极，活得成功；放下抱怨，活得舒坦；放下犹豫，活得潇洒；放下狭隘，活得自在……

其实人生要生活得很幸福，不一定要辉煌，不一定有地位，却一定得有"放下"的智慧，让心灵释荷。放下曾经的辉煌，放下昔日的苦难，放下对旧日恋情的回忆。卸下身上所有束缚我们前行的包袱，人生最大的幸福就是放下。

"放下就是快乐"，这是一剂灵丹妙药。放下即快乐，对每个人都适用。生活富裕了，但压力越来越大；收入增加了，但快乐却越来越少。其实，累与不累只是一种感觉。压力的大小，主要取决于自己的心态。快乐与不快乐，就看你是否学会了放下。放下，是一种生活的智慧；放下，是一门心灵的学问。学会放下，让心灵释然。

有一个人觉得每天不堪生活重负，没有丝毫的快乐可言。于是，他去请教一位德高望重的哲人。哲人把一只竹篓放在他的肩上说："你背着它上路吧，每走一步都要从路边捡一块石头放在里边，看看是什么感受。"那个人虽然大惑不解，可还是按哲人说的去办了。可刚走了几百步，他就感到背负太重受不了了，因为竹篓里已经装满了沉重的石头。"知道你每天为什么不快乐吗？是因为你背负的东西太沉重了，它已经把你的快乐压抑殆尽了。"哲人从竹篓里一块一块地取着石头说，这块是功名，这块是利禄，这块是小肚鸡肠，这块是斤斤计较……当大半篓石头被扔掉后，那个人背起竹篓走起路来，感到从未有过的轻松。

生活原本是有许多快乐的，只是因自己常常自生烦恼而空添了许多愁。自己在努力地追逐着快乐，却又总放不下心中的累赘，把不该看重的事情看得太重，总想放下些什么却总也放不下。每日在尘世穿梭忙碌，每天忙着经营自己的世界，对工作、生活、朋友、亲人等的期望值不断升高，可是到头来却什么也没有改变，什么也没有得到，想想，自己是多么幼稚与浅薄。其实快乐是简单的，放下就是快乐，所以要看得开、放得下。

若总是把不如意的事记在心里，只会让自己更加不开心。对一些不快乐的事情应坦然面对，波澜不惊；对工作生活中的琐事，要该放手的就放手；对一些恩怨情仇，不再纠缠，不再为自己增加无谓的烦恼。想开了，竟刹那间感到莫名的轻松，忽然有如释重负的感觉。多少天来的苦闷和烦恼、失落和迷茫，一下子烟消云散了。走出困境，一切是那么的轻松美好。真的放下就是快乐。

生活真的就像一只竹篓，自己之所以感到背负得很沉重，感到生活不快乐，其实是作茧自缚，自己给自己增加了功名利禄的重负。如果舍得将这些东西抛弃、放下，快乐就会萦绕在生活中了。

舍与得

第二章
舍得是一种境界

　　舍得，舍得，有舍才有得。舍和得，就如因和果，是相关又互动的。放弃了一些，才能收获到别的。至于应该放弃什么，争取什么，就要看你想得到什么了，这就是所谓鱼与熊掌不可兼得。

舍得是一种境界

弘一大师曾说："不可闲谈、不晤客人、不通信（有十分要事，写一纸条交与护关者）。凡一切事，尽可俟出关后再料理也，时机难得，光阴可贵，念之！念之！"舍掉闲谈，舍掉见客，舍掉与人通信，用留下的时间来闭关修炼、研究佛法，弘一大师因此取得了佛学上的大成就。

《孟子·告子（上）》："鱼，我所欲也；熊掌，亦我所欲也；二者不可得兼，舍鱼而取熊掌也。"鱼和熊掌不可得兼，懂得取舍，是人生的一种境界。

有两个禅师是同门师兄弟，都是开悟了的人，一起外出行脚。从前的出家人肩上背着一个铲子。这个铁铲有两个用处，一个是可以随时种植生产，带一块洋芋，把洋芋切四块埋下去，不久洋芋长出来，可以吃饭，不用化缘了。另一个是，路上看到死东西就把它埋掉。两师兄弟在路上忽然看到一个死人，一个挖土把尸体埋掉；一个却扬长而去，看都不看。

有人去问他们的师父："您两个徒弟都开悟了，我在路上看到他们，两个人表现是两样，究竟哪个对呢？"师父说："埋他的是慈悲，不埋的是解脱。因为人死了最后都会变成泥巴的，摆在上面变泥巴，摆在下面也变泥巴，都是一样，所以说，埋的是慈悲，不埋的是解脱。埋也对，不埋也对，取也对，舍也对。"

取舍之间，很多时候，人们向往去取得，并且认为多多益善。然而，"取"却是以"舍"为代价的。取到多少，就会舍掉多少。有时候，取舍是由个人主观意志所决定的。例如，弘一大师，他舍去了世俗的婚姻家庭，得到了佛法的博大精深；舍掉了红尘爱恨嗔痴，得到了心灵的圆满平静。这取舍，是由他自己做主的，心甘情愿，罔顾周围人的劝阻。而有些时候，取舍是不知不觉间命运的安排。《笑傲江湖》中令狐冲被师父罚到后山面壁思过，因而失去了与小师妹朝夕相处的机会。恰巧林平之到来，令狐冲在师妹心中的重要地位自此被林平之所取代，而正是由于这次面壁思过，使他发现了石壁后的秘密，自此逐渐走向了武学大道。

现实生活中，取舍比比皆是，而很多取舍，并非命运所定、无法摆脱。诸多的取舍，还是掌握在我们自己手中的。

商人重利轻别离，舍掉家庭的和和美美，用孤寂繁忙得来苦苦追逐的利益，这是商人的取舍；玄武门李世民杀兄弑弟得到皇位，这是政治家的取舍；荀巨伯在盗贼入关时宁死不弃朋友、程婴忍受世人误解唾骂抚养赵氏孤儿，这是君子的取舍；朱自清宁愿饿死不领美国救济粮、鲁迅弃医从文唤醒浑浑噩噩的国民大众，这是爱国者的取舍……生活中的诸多选择是非常沉重的。因为我们做出一种选择，在得到的同时就意味着放弃、舍弃一些别的东西，一旦放弃，往往意味着不再拥有。如何面对人生中的取与舍呢？俄国作家奥斯特洛夫斯基曾说："人最宝贵的是生命，生命属于我们只有一次。人的一生应当这样度过：当他回首往事的时候，他不因虚度年华而悔恨，也不因碌碌无为而羞耻……这样，在他临死的时候，他就能够说：'我整个的生命和全部的精力，都献给了世界上最壮丽的事业—— 为人类的解放而斗争。'"或者取，或者舍。当我们回忆往事的时候，不会为自己的取舍感到后悔，这样的取舍便是正确的、值得的。

失去是另一种获得

人生就像一场旅行，在行程中，你会用心去欣赏沿途的风景，同时也会接受各种各样的考验，这个过程中，你会失去许多，但是，你同样也会收获很多，因为，失去所传递出来的并不一定都是灾难，也可能是福音。

有一位住在深山里的农民，经常感到环境艰险，难以生活，于是便四处寻找致富的好方法。一天，一位从外地来的商贩给他带来了一样好东西，尽管在阳光下看去那只是一粒粒不起眼的种子。但据商贩讲，这不是一般的种子，而是一种叫作"苹果"的水果的种子，只要将其种在土壤里，两年以后，就能长成一棵棵苹果树，结出数不清的果实，拿到集市上，可以卖好多钱呢！

欣喜之余，农民急忙将苹果种子小心收好，但脑海里随即涌现出一个问题：既然苹果这么值钱、这么好，会不会被别人偷走呢？于是，他特意选择了一块荒僻的山野来种植这种颇为珍贵的果树。

经过近两年的辛苦耕作，浇水施肥，小小的种子终于长成了一棵棵茁壮的果树，并且结出了累累硕果。

这位农民看在眼里，喜在心中。嗯！因为缺乏种子的缘故，果树的数量还比较少，但结出的果实也肯定可以让自己过上好一点儿的生活。

他特意选了一个吉利的日子，准备在这一天摘下成熟的苹果，挑到集市上卖个好价钱。当这一天到来时，他非常高兴，一大早便上路了。

当他气喘吁吁爬上山顶时，心里猛然一惊，那一片红灿灿的果实，竟然被外来的飞鸟和野兽们吃了个精光，只剩下满地的果核。

想到这几年的辛苦劳作和热切期望，他不禁伤心欲绝，大哭起来。他的财富梦就这样破灭了。在随后的岁月里，他的生活仍然艰苦，只能苦苦支撑下去，一天一天地熬日子。不知不觉之间，几年的光阴如流水一般逝去。

一天，他偶然来到了这片山野。当他爬上山顶后，突然愣住了，因为在他面前出现了一大片茂盛的苹果林，树上结满了累累硕果。

这会是谁种的呢？在疑惑不解中，他思索了好一会儿才找到了一个答案：这一大片苹果林都是他自己种的。

几年前，当那些飞鸟和野兽在吃完苹果后，就将果核吐在了旁边，经过几年的时间，果核里的种子慢慢发芽生长，终于长成了一片更加茂盛的苹果林。

现在，这位农民再也不用为生活发愁了，这一大片林子中的苹果足以让他过上温饱的生活。

有时候，失去是另一种获得。花草的种子失去了在泥土中的安逸生活，却获得了在阳光下发芽微笑的机会；小鸟失去了几根美丽的羽毛，经过跌打，却获得了在蓝天下凌空展翅的机会。人生总在失去与获得之间徘徊。没有失去，也就无所谓获得。

生活中，一扇门如果关上了，必定有另一扇门打开。你失去了一种东西，必然会在其他地方收获另一个馈赠。关键是，我们要有乐观的心态，相信有失必有得。要舍得放弃，正确对待你的失去，因为失去可能是一种生活的福音，它预示着你的另一种获得。

舍得之间保持平常心

在奥运会上夺得金牌的冠军们，接受媒体采访时，说得最多的就是很简单的一句话：保持平常的心态。的确，在竞技场上保持平常心态，就能使竞技者超水平发挥，取得意想不到的成绩。在职场和人生中更是如此，只有保持平常心，才能取得工作和生活上的成功。

现实工作中，在激烈的竞争形势与强烈的成功欲望的双重压力下，从业者往往会出现焦虑、急躁、慌乱、失落、颓废、茫然、百无聊赖等困扰工作的情绪。这些情绪一齐发作，常常会让人丧失对自身的定位，变得无所适从，从而大大地影响了个人能力的发挥，使自己的工作效率大打折扣。

如古人所云："宁静而致远，淡泊以明志。"不管我们身在何种环境，承受什么样的压力，只要能够坦然面对，就能够轻松地走向成功。

有一次，有源禅师问大珠慧海大师："大师修道是否用功？"大珠慧海大师回答："用功。"

有源禅师问："如何用功？"大珠慧海大师回答："吃饭时吃饭，睡觉时睡觉。"有源禅师说："这和一般人有何不同？"大珠慧海大师说："一般人吃饭时不肯吃饭，百种需索；睡觉时不肯睡觉，千般计较，所以不同。"

在我们的生活中，无论从事何种工作，无论身处什么位置，遇到的问题可能不同，但所面临的压力其实是一样的。漫长的工作生涯中，不分昼夜地加班、工作碰到困难、获得褒奖、遭遇委屈，甚至是挫折连连，这都是我们要经历的事情，它涉及所有的人，并不是单单指向某一个人。而职场中人不同的反应体现的则是个体的素质。所以，我们应当努力学会，而且是必须学会去适应环境，而不是怨天尤人、沾沾自喜抑或是垂头丧气。如果我们能够随时保持一颗平常心，做到宠辱不惊，去留随意，我们就能够简简单单地面对自己的生活了。

一时的舍弃是为了更好的获得

要想获得某种超常的发挥，就必须舍弃许多东西。瞎子的耳朵最灵，因为眼睛看不见，他必须竖着耳朵听，久而久之，耳朵具备了超常的功能。会计的心算能力最差，二加三也要用算盘打一遍，而摆地摊的则是速算专家。生活中也一样，当你的某种功能充分发挥时，其他功能就可能退化。

如果我们发现自己的老板并不是一个睿智的人，并没有注意到我们所付出的努力，也没有给予相应的回报，那么也不要懊丧，我们可以换一个角度来思考：现在的努力并不是为了现在的回报，而是为了未来。人生并不是只有现在，而是有更长远的未来。固然，薪水要努力多挣些，但那只是个短期的小问题，最重要的是获得不断晋升的机会，为未来获得更多的收入奠定基础。更何况生存问题需要通过发展来解决，眼光只盯着温饱，得到的永远只有温饱。

暂时的放弃是为了未来更好地获得。尽管薪水微薄，但是，我们应该认识到，老板交付的任务能锻炼我们的意志，上司分配给我们的工作能发展我们的才能，与同事的合作能培养我们的人格，与客户的交流能训练我们的品性。企业是我们生活的另一所学校，工作能够丰富我们的思想，增进我们的智慧。

比如俾斯麦，别的方面我们姑且不谈，在这一点上，他就有值得我们学习的地方。俾斯麦在德国驻俄外交部工作时，薪水很低，但是他却从来没有因为自己的工资低而放弃努力。在那里他学到了很多外交技巧，也锻炼了自身的决策能力，这对他后来的政治活动影响很大。

　　许多商界名人开始工作时收入都不高，但是他们从来没有将眼光局限于此，而是矢志不渝地努力工作。在他们看来，缺少的不是金钱，而是能力、经验和机会。最后当他们功成名就之时，又如何衡量他们的收入是多少呢！

　　在你工作时，要时刻告诫自己：我要为自己的现在和将来而努力。无论你的工资收入是多还是少，都要清楚地认识到那只是你从工作中获得的一小部分。不要考虑太多你的工资，而应该用更多的时间去接受新的知识，培养自己的能力，展现自己的才华，因为这些东西才是真正的无价之宝。在你未来的资产中，它们的价值远远超过了现在所积累的货币资产。当你从一个新手、一个无知的员工成长为一个熟练的、高效的管理者时，你实际上已经大有收获了。你可以在其他公司甚至自己独立创业时，充分发挥这些才能，而获得更高的报酬。

　　也许你的老板可以控制你的工资，可是他却无法遮住你的眼睛，捂上你的耳朵，阻止你去思考，去学习。换句话说，他无法阻止你为将来所做的努力，也无法剥夺你因此而得到的回报。

　　但是生活中也有不少人为了求得一份收入丰厚的工作，而放弃了个人的兴趣追求。工作时往往超负荷运转，个人空间极小。从社会对劳动力的不同需求来看，这种选择无可厚非。但这往往并不是人们心目中最理想的选择。赚钱当然是必要的，但人们除了工作之外，对其他事物也有追求，如自由的时间、良好的健康、和谐的人际关系和幸福的家庭等等。因此，一份相对自由的、能充分发挥个人聪明才智的工作将越来越成为人们的首选择业目标。这样，人们就可能拥有更多灵活的时间，弹性安排自己的生活。这样的工作才是个性化的、理想的工作。

　　人，必须懂得及时抽身，离开那看似最赚钱，却不再有进步的地方；必须鼓起勇气，不断学习，再去开创生命的另一高峰。

做弃小获大的睿智者

几个人在岸边岩石上垂钓，一旁有几名游客在欣赏海景之余，亦围观他们钓上岸的鱼，口中啧啧称奇。

只见一个钓者竿子一扬，钓上了一条大鱼，约三尺长。落在岸上后，那条鱼依然腾跳不已。钓者冷静地解下鱼嘴内的钓钩，随手将鱼丢回海中。

围观的众人发出一阵惊呼，这么大的鱼犹不能令他满意，足见钓者的雄心之大。就在众人屏息以待之际，钓者渔竿又是一扬，这次钓上的是一条二尺长的鱼，钓者仍是不多看一眼，解下鱼钩，便把这条鱼放回海里。

第三次，钓者的渔竿又再扬起，只见钓线末端钩着一条不到一尺长的小鱼。

围观的人以为这条鱼也将和前两条大鱼一样，被放回大海，不料钓者将鱼解下后，小心地放进了自己的鱼篓中。

游客中有一人百思不解，追问钓者为何舍大鱼而留小鱼。

钓者回答道："喔，那是因为我家里最大的盘子只有一尺长，太大的鱼钓回去，盘子也装不下……"

舍三尺长的大鱼而宁可取不到一尺长的小鱼，这是令人难以理解的取舍，而钓者的唯一理由，竟是家中的盘子太小，盛不下大鱼！

在我们的生活中，是不是也出现过类似的场景？例如，当我们好不容易有一番雄心壮志时，就习惯性地提醒自己："我想得也太天真了吧？我只有一个小锅，煮不了大鱼。"因为自己背景平凡，而不敢去梦想非凡的成就；因为自己学历不足，而不敢立下宏伟的大志；因为自己自卑保守，而不愿打开心门，去接受更好、更新的信息……凡此种种，我们画地为牢、故步自封，既挫伤了自己的积极性，也限制了自己的发展。生活中那些人生篇章舒展不开、无法获得大成就的人，往往就是因为没有大格局。

陈文茜，中国台湾无党籍民意代表、电视节目主持人、作家、台湾知名才女，与李敖、赵少康并称"台湾三大名嘴"。1980年，她从台湾大学法律系毕业；1996年，开始主持政论节目《女人开讲》；2000年，又推出《文茜小妹大》，她在节目中针砭时弊，不留情面，获得众多观众的好评；2005年，退出政坛的陈文茜在凤凰卫视开播新栏目《解码陈文茜》，延续她自信敢言、鲜明犀利的风格。陈文茜横跨台湾政治、商业与媒体界，是颇具影响力的风云人物。

与人们印象中温良恭顺、柔肠百转的台湾小女子不同的是，陈文茜性情洒脱、沉稳睿智，她在娓娓道来的语句中很实际地解释了事业对女性和家庭的影响。一次，她在接受白岩松采访时说道：

"其实，世界上可以给一个女人的东西相当的少，她就守住一片天，守住一块地，守住一个家，守住一个男人，守住一群小孩，到后来，她成了中年女子，她很少感到幸福，她有的是一种被剥夺感。这是我慢慢退出政坛以后的一个新的感慨，从政有一个好处，它让我从小就活得跟一般女人不一样……就是说在某种程度上你有这种气魄，这个气魄未必帮助你真正在政治事业上表现杰出，可是真的能帮助一个女人在处理她的私人事情时表现杰出，她会变得很超脱，格局很大。其实，人生处境最怕你格局很小，我觉得从事政治工作有一件事情能帮助我，就是面对自己实际生活里的困境时，很容易比一般人放得开，我觉得这是个很重要的幸福的来源。"

作为一个女人，陈文茜之所以能在政坛叱咤风云，在生活中如鱼得水，正是源于她的人生格局。她有许多女人所没有的宽广视野，她有许多男人所没有的胆识气魄，还有很多专家学者所没有的睿智和担当……"人生最怕格局小"，这正是陈文茜的成功秘诀。你或许正在为自己的平庸无为而苦闷愤懑，那么，自我反思一下，看看你的格局是不是太小了。

拘囿于朝九晚五、机械式的工作程序，满足于日常生活的柴米油盐，为同事之间的小摩擦而斤斤计较半天，为了节省几毛钱而绕远道去另一个超市，为了省钱从不买书，从没有展望过自己的未来……想一想自己身上还有哪些"小格局"，把它打开吧，你将拥有一个更加广阔的人生。

量力而行，舍弃才能得到

　　据说有一年，香港特区政府财政拮据，便想出了一个办法：把中环海边康乐大厦所在的那块土地进行拍卖。这块土地面积大，属于黄金地段。消息传出后，有资产的人都兴致勃勃，连远在港外的富商们也都赶来参加投标。一时间，香港码头机场客流量大，饭店老板个个眉开眼笑。投标者虽多，但有资格的就那么几个，真正打这块地皮主意的，在香港只有李嘉诚的长江实业有限公司和英国的渣打银行。香港特区政府为了不让港外人士购地，有意让这两家中的一个获胜，便采取了暗中投标的方式，即谁也不知道别人所投价格为多少。

　　李嘉诚心里有打算，地皮虽好，也有个底线，否则买回来也是亏本，而渣打银行必然拼命抬价以扳回前几次败北丢的面子，李嘉诚报上28亿港元。那渣打银行活脱脱的英国绅士脾气，底气不足却要打肿脸充胖子，又认为李嘉诚必定拼命抬价，于是豁出了老本，报出了42亿港元的价格。结果当然是渣打银行获胜。正当银行上下举杯欢庆时，打听消息的探子回来报告说，李嘉诚的报价比他们少14亿港元，顿时一个个面若死灰，总裁吃惊得连酒杯都掉在地上摔得粉碎，连连说，英国绅士上了中国商人的大当。

　　李嘉诚精打细算，忍住了黄金地段的巨大诱惑，果断地抽身而退，把烫手的山芋甩给了渣打银行。如果忍不住，把自己的老本全部押上，可能落个失败的"威风"，又有何价值。这就显示了凡事能够量力而行，就可以保持长久的成功。

　　懂得量力而行的人，不会在自己的能力之外贸然行动，这样也就不会招来危险。孙武在书中说："用兵之法，十则围之，五则攻之，倍则分之，敌则能战之，少则能逃之，不若则能避之。"就是说有十倍于对方的兵力，就要围困它；有五倍于它的兵力，就要攻打它；只有对方的一倍多，就分散攻击它；与敌军匹敌，就要能战则战；比敌人的兵力少，则要能逃就逃。量力而为是在危险之中降低伤害的最明智的办法，它不需要太多玄妙的智慧，只要我们对自己有一个客观的认识就可以了。

懂得量力而行也是一种舍得之道。放弃追逐自己能力以外的东西，在力所能及的范围内将自己的能力进行最大限度的发挥，便能创造有益的社会财富。大凡有成就的人不会计较眼前的得失，他们明白有舍才有得。此时的放弃并不意味着永远的失败，而是另一种对人生的成全。在人生的每一个关键时刻，我们应审慎地运用智慧，做最正确的选择，同时别忘了及时审视选择的角度，适时调整。要学会从各个不同的角度全面研究问题，放弃无谓的固执，冷静地用开放的心胸做正确的抉择。

大小的舍取也是一种智慧

《劝忍百箴》告诫人们，顾全大局的人，不拘泥于区区小节；要做大事的人，不追究一些细碎小事；观赏大玉圭的人，不细考察它的小疵；得巨材的人，不为其上的蠹蛀而怏怏不乐。因为一点瑕疵就扔掉玉圭，就永远也得不到完美的美玉；因为一点蛀蚀就扔掉木材，天下就没有完美的良材。

关于伯乐相马的故事流传已久。

秦穆公对伯乐说："您的年纪大了，您的家里，有能去寻找千里马的人吗？"伯乐回答说："好马可以从外貌、筋骨上看出来。但千里马很难捉摸，其特点若隐若现，若有若无，我的儿子们都是才能低下的人，我可以告诉他们什么是好马，但没有办法告诉他们什么是天下的千里马。我有一个朋友，名字叫九方皋。他相马的本领不比我差，请您召见他吧！"

秦穆公召见了九方皋，派遣他去寻找千里马。三个月之后，九方皋回来了，向秦穆公报告说："千里马已经找到了，现在沙丘那个地方。"秦穆公问他："是一匹什么样的马呢？"九方皋回答说："是一匹黄色的母马。"秦穆公派人去取，结果是一匹公马，而且是黑色的。

秦穆公非常不高兴，于是将伯乐召来，对他说："真是糟糕，您让我派去的那个寻找千里马的人，连马的颜色和雌雄都分辨不出来，又怎么能知道是不是千里马呢？"伯乐却长叹一声说："他相马的本领竟然高到了这种程度！这正是他超过我的原因啊！他抓住了千里马的主要特征，而忽略了它的表面现象；注意到了它的本领，而忘记了它的外表。他看到他应该看到的，而没有看到不必要看到的；他观察到了他所要观察的，而放弃了他所不必观察的。像九方皋这样相马的人，才真正达到了最高的境界！"那匹马果然是难得一见的千里马。

处理事情的时候，一味强调细枝末节，以偏概全，就会抓不住要害问题，没有重点，不知道从哪里下手。有些人只记得了一些表面的、细微的特征，却无法从根本上解决问题，要做大事，就要纵观全局，不能纠缠在小事上摆脱不出来。

有一句话是这样说的："我们宁愿失去一场战斗而赢得一场战争，也不愿意因赢得一场战斗而失去一场战争。"在做事情前要自问："这真的很重要吗？"问问自己："这事值得我那样大动干戈吗？"

如果我们碰到麻烦事时，问自己一声："这事真的很重要吗？"那么许多争吵与不和就不会发生了。

不要被一些表象或肤浅的事情所湮没，要集中精力于大事上。

舍与得

第三章
舍得是一种智慧

糊涂者不愚，只是懂得取舍有度，不为小事所累；糊涂者不傻，只是深知淡然处世，不为恩怨所牵；糊涂者不笨，只是无欲无贪，海纳百川，不为尘事所染。糊涂是福，得糊涂者必处事有度，公私分明，得快乐之心。

舍下执着

生活中一些琐碎的事，没有必要事事都争个明白。如果事事都要弄个明白，那么，我们生活得也就太累了。没有生活的激情，没有亲人的支持，好像是与世隔绝，得不到一丝丝暖意。如果想轻松、快乐地生活，就应该学会放下，不要让烦琐的事干扰我们的生活，过我们想过的生活，做我们想做的事。最关键的还是要放下心中的包袱，心灵上的轻松，才是真正快乐的源泉！快乐与金钱、权势、名声、地位都无关，真正能给人带来快乐的是心灵上的解脱！人生的追求应多一分淡泊，少一分名利；多一分真情，少一分世俗！

在现实生活中，有的人就是要事事争个明白，大有不争明白就不罢休之势。可是，这种做法往往是做人没有人缘，办事办不成。其实，人与人之间就存在着各种差异，若是出现矛盾也是在所难免的。聪明的人总会懂得求同存异，大事化小，小事化了，不与人争执。这样不仅给人以好感，而且一些难办的事也会因此而好办。

人生，本来就是真真假假，是是非非，说不清道不明的。如果你真要争个是非，恐怕吃亏的就是你。无论怎样，我们要抱着一颗包容的心来对待身边的人和事，就会过得快乐、开心。可是，在现实生活中，就有一些人喜欢与人较真儿，与人争个明白，偏要争个谁对谁错，结果给自己带来了麻烦或祸害。

在意大利卡塔尼山的叙拉古郊外有一块墓碑，考古学家认为，这可能是柏拉图为他的学生托比立的。

碑上刻有碑文，大概的意思是这样的：托比从雅典去叙拉古游学，经过卡塔尼山时，发现了一只老虎。进城后，他说，卡塔尼山上有一只老虎。城里没有人相信他，因为在卡塔尼山从来就没人见过老虎。托比坚持说见到了老虎，并且是一只非常雄壮的虎。可是无论他怎么说，就是没人相信他。最后，托比只好说，那我带你们去看，如果见到了真正的虎，你们总该相信了吧？托比为了证实自己所说的是真的就带领着人去了山上。

柏拉图的几个学生就跟着上山了。但是把整个山转遍了，每一个角落都没放过，却连老虎的一根毫毛都没有发现。托比对天发誓，说他确实在这棵树下见到了一只老虎。跟去的人就说，你的眼睛肯定被魔鬼蒙住了，你还是不要说见到老虎了，不然城邦里的人会说，叙拉古来了一个撒谎的人。

托比很生气地回答："我怎么会是一个撒谎的人呢？我真的见到了一只老虎。"在接下来的日子里，托比为了证明自己的诚实，逢人便说他没有撒谎，他确实见到了老虎。可是说到最后，人们不仅见了他就躲，而且背后都叫他疯子。

托比来叙拉古游学，本来是想成为一位有学问的人，现在却被认为是一个疯子和撒谎者。这实在让他不能忍受。为了证明自己确实见到了老虎，在到达叙拉古的第十天，托比买了一支猎枪来到卡塔尼山。他要找到那只老虎，并把那只老虎打死，带回叙拉古，让全城的人看看，他并没有说谎。

可是这一去，他就再也没有回来。三天后，人们在山中发现一堆破碎的衣服和托比的一只脚。经城邦法官验证，他是被一只重量至少五百磅的老虎吃掉的。托比在这座山上确实见到过一只老虎，他真的没有撒谎。

托比是没有撒谎，但是他为了跟人争个是非，结果把自己的性命也丢掉了，多么可惜啊！如果他没有向人们证明他是对的，或许就不会发生这种悲剧了。

人生活在这个世界上，有很多事是无法预料的。只要我们遵守规律办事，就可以避免悲剧发生，无论是自然界的，还是人与人之间的交往都是一样的。不必凡事都要争个明白，放下心中的那份"执着"，我们的生活就会变得更加美好！

难得糊涂

聪明难，糊涂尤难。糊涂是历经世事沧桑后的成熟与从容；是人生大彻大悟之后的宁静心态；是饱经风霜、人生坎坷后的真谛；是心中有大目标，不被繁杂碎事所累的一种智慧；是看破人性，看透事物，知人间百态，处世有轻重缓急，举重若轻，四两拨千斤的一种谋略，一种美德；是名利淡泊、宁静致远、胸怀坦荡、洒脱不羁、包容万象的一种气度。

糊涂是一种哲理：透过人生百态看人生浮尘，以镜自正，处事不惊。退一步难得一糊涂，进一步难得一糊涂，进退之中理顺条理，收放自如，糊涂处世。糊涂之中有真知，糊涂之中显真理，糊涂得有大智，糊涂得有价值。

大智者必定爱装傻，古有贤臣心若明镜，却求糊涂处世；世有高官千金难买一糊涂，糊得有条理，涂得有境界。不是说聪明就好，不是说处世光明磊落就好，做人要当断则断，也要学会糊涂一时，聪明一世。不是说处世大公无私就好，做人要坦白从宽，也要学会糊涂一下，聪明一生。

古时候有个清白官叫郑板桥，而且写得一首好诗，画得一幅好画，他的人品也是万人敬仰，被当地称为最好的清官，有一次他们那个地方来了两个人，一男一女，还没有等女的开口，男的就开始道来，说那女的为了贪图他家财富就几次诱骗他，女的很是气恼，当即与他争辩了起来。

郑板桥认得两人，一个是十字坡的穷寡妇朱月姣，生得美貌，只是丈夫命不好，新婚没几年就早死了，但是她人却吃苦好劳，博得当时邻里好评，而那个男的就是他们镇上的富乡绅魏善人，经常吃喝嫖赌，坏事干绝。不用说，郑板桥都明白魏善人的阴谋诡计，可是办案不能以情判案，要有真凭实据。

郑板桥细想一番，他随即判朱月姣有罪，朱月姣非常气愤大骂郑板桥是个糊涂官，不明事理，郑板桥却不与她争辩，只是暗笑假装糊涂问这问那，最后逼得魏善人也不能再编下去，一下子就把谎言揭穿，事实确凿，郑板桥大声判道："重打魏善人五十大板。"并且又说道："魏善人为富不仁，亵渎孤孀朱月姣，罚银三十两，以补朱月姣名誉损失，若有延误，日增十两。"朱月姣看着刚刚还是糊涂之官的郑板桥，一下子明白了过来，并且说道："我错了，不该骂老爷是个糊涂官。"郑板桥哈哈大笑："济贫惩伪善，此案须奇判，若说我糊涂……"，朱月姣接口道："难得的糊涂官。"郑板桥突然有种顿悟，觉得人生即是如此，难得糊涂啊，就提笔写下一副对联挂于书房门前：清清白白做人，糊糊涂涂做官。横联：难得糊涂

明白做人，糊涂处世，假己之糊涂呈清白之事，稀里糊涂中却不失机智，做事分明，处世有理，不与人较真，不与人争辩，就这样假装糊涂，清者自清，浊者自浊，做得亏心事必定心害怕，坦然之心无，又何得真自我，谎言早晚会被揭穿，不过是点头之间，所以有智慧的人无须费心与之争辩，假装糊涂与他周旋，自然真相大白。

糊涂处世并非真傻，而是一种机智，一种谋略，心中自有明镜在，何愁照不出真与伪。怕就怕那些面生虚伪笑，自以为聪明者，到死还不知，落得被人骂。

世上本无事，何必自烦之

世上本无事，何必自烦之，自己糊涂一点，给别人一种宽容，一种理解，那么自己心情也舒坦，有一种境界叫领悟但不能言传，有一种精神叫宽容但不纵容，有一种处世原则叫糊涂但不愚笨。

有一位著名的画家拉伯先生，有一次他被邀请来朋友法兰克家参加宴会，而坐在他旁边的一位张先生非常健谈，在笑声中张先生突然讲起了故事，有一句"三人行，必有我师焉"他说出自《圣经》！不在意的到没有听出来，可是拉伯先生却听了出来。

"你错了！"拉伯先生立即大声否定道，"这句话出自中国的《论语》！"

"是《圣经》。"那位先生明知有错，但是却为了面子据"理"力争。

后来两个人就把头转向了法兰克，请他评判，法兰克明知是拉伯先生正确，但是却装作不知，清了清嗓子，思考一会儿就糊涂地说："张先生是对的，的确是出自《圣经》"然后就使劲踩了拉伯一脚。

拉伯非常生气，在场的人都知道他是对的，而法兰克，自己的好朋友却不帮助他，倒是替那个外人说话，他非常生气，就再也不说话了，而那个健谈的张先生却得意扬扬了起来，接着讲起了自己的笑话。

晚宴并没有因为拉伯而失去欢声笑语，晚宴很愉快，大家都为此感谢法兰克的盛情，可是拉伯却坐着不说话，法兰克送走所有的朋友就对他说："没错，你是对的，但是如果我说你对了，张先生就非常难堪，那么宴会上所有的客人都会失去吃饭的心情，你何不当作一个玩笑，随之而过，有必要那么较真吗，对与错在这个时候已经不重要了，重要的是心情。"

拉伯突然明白了，为什么法兰克要假装糊涂，是啊，真理不一定非常明明白白地说出来，是真的就一定假不了，时间一定会给他证明，但是心情却因为此时的一句真理就会变得很尴尬，既然是为了好心情才走到一起，又何必去认真的计较那些无所谓的事呢？包容别人的错误，还大家一份快乐不是更好吗？

难得一糊涂，不为碎事而偏走方向，深懂何事才重要，不去认真计较，不去明白做事，糊里糊涂，开开心心。

学会隐忍

隐忍是一种大智，在商业打拼中难免会有不成熟的时候，纵使人胸怀万里，也要知晓其中的进退，不要知其不可为而为之，这样你的事业永远就没有开始，你在竞争中也不可能会取得胜利。在别人面前要学会保存实力，不要过早地把自己的东西暴露出去，知己知彼方能百战百胜。

他是一名刚刚毕业的普通大学生，虽然他的学历不是很出众，可以说没有一点优点供人欣赏，但是他却一心想进入自己向往的那家企业，那家企业在全国都很有名气，但是这么有名气的企业怎么会认真对待他这个无才无能的人呢？

他还是把简历递了上去，面对老板生硬的拒绝态度，他苦苦哀求，希望能在公司得到一个活干，哪怕是扫厕所，老板十分不耐烦，只好说："那你去刷厕所吧！"他十分开心，第二天真来报到了，他很认真地对待自己的工作，把厕所刷得一尘不染，而且还积极地帮着别的职工打扫卫生，从来没有想过需要报酬。

大家看他十分认真，而且也很热心，刚开始的不耐烦变成了喜欢，慢慢地就开始教他点简单的专业知识，他虚心地向别人请教，而且和自己的专业知识相结合举一反三，在赢得大家的信任之后，他开始猛攻公司的内部事务工作。

有时候偷偷地帮那些焦头烂额者出点注意，但是却从来不道出是自己想的，只是偷偷地塞个纸条过去，当他觉得自己学得差不多了，可以自信地走上公司那个梦想的职位的时候，他从容地来到了老板的办公室，把自己这几个月来对公司的评价与意见统统给了老板。

老板没有想到这个自己一度看不起的平凡人，竟然能写出这么好的意见，顿时有种欣赏的感觉，后来老板给了他一份很体面的工作，他也干得相当出色，而且很快成了商业上的精英。

但是他并没有满足于这种状态，而是更加刻苦地跟着老板学习商业为人处世之道，并且把这种经验加注到自己的创新意识中，几年之后，他干起了自己的事业，二十年后他有了自己的牌子，并且比以前的那个公司还要响亮。

如果你没有这个能力的时候，就要学会隐忍，然后从中学习，当你觉得自己有这个自信的时候再出击，相信你一定会成功。隐忍不是懦弱，是一种大勇；隐忍不是自卑，是一种自信，只有自信的人才会隐忍，相信自己一定能够获得比别人更好的作为。

隐忍是为了比别人更早看到希望，隐忍是为了保存实力，到真正用上时给别人来个措手不及，隐藏自己的真正面目，忍耐中等待时机，吃得苦中苦，方为人上人。

隐忍如茶，自然而透彻，甜中生苦，苦中有甜，会喝的人能够在苦味中尝出甜来，在甜中尝出苦来，不会喝的人只会为甜而乐，为苦而悲。隐忍者感恩逆境，警惕顺境。

不要自作聪明

自以为聪明的人常不得好结果，聪明不是自以为是，聪明不是刚愎自用，聪明不是弄巧成拙，不是所有的东西都以你为中心，看到好的就是好，如果你自己认为很聪明，而所有的人都没有这样的想法，那么你所做的事就是一件让人嘲笑的事，一件愚蠢的事。

自作聪明是一种愚蠢：坐久了的井底青蛙，你还能看到什么？你眼中别人的无能就是自己的不足，你眼中别人的愚笨就是你自己的可悲。大智若愚者笑看你的表演，真聪明者无视你的得意扬扬，你的不屑与轻视会成为别人眼中的笑话。

自负的人必定不得人心，他们总以为自己知道的比别人多，就很了不起，却道不出自己哪里优秀，每天都是指责别人一堆，自己却又做不出什么成绩来。他们并非一无是处，相反的，他们确实有过人的天赋，但是由于他们对自己不够了解，总以为自己有一点点的本事就是天下第一，看不起别人。但是他们只是看到了自己的长处，却没有发现自己的短处，使得他们难以获得长足的进步与发展，甚至可能导致人生的惨败。

有一个律师叫张强，他的聪明早已被业界人士所认可，而且他的成绩也是众所周知的，因此他总看不起别人。有一天他买了一幢别墅，可是却百般挑剔，看什么地方都不合眼，凭着自己的才能与能说会道，写下长长几万字的建议书，从物业管理人员的工作作风与设计方案，到普通居民的不良行径与个人爱好，都提出了自己独到的意见，并且在小区全体业主大会上，当众批评物业领导。

他的这一举动惹得众人所指，会后都称他为"神经病"，见到就躲，而那些在这里工作的见了他也视为透明人，见到他的人都会一阵嘲笑，他为此弄得精神不济，上班无精打采，后来每一次打官司脑子乱七八糟，一点法律水准都没有，不得已之下他只好离开这里，去往另一座城市发展。

张强在工作上是很出色，但是却在为人处世上有点自作聪明了，他总以为好的到哪儿都好，却不知道这种自以为是的作风带给多少人麻烦，他的无知害得别人无法正常生活，也使得自己坐立难安，最终不得已而收场。

做人太过锋芒毕露也是不好的，如果太过自负而没有虚心去求教别人，不尊重他人，就会受到别人的排挤与嘲讽。

刚从大学毕业的小王来到公司实习，有一次在业务方面完成得十分出色，连谈判老总都对他刮目相看，他自以为就高枕无忧了，开始处处挑剔，事事自以为是，见什么都觉得不够完善，上至单位领导，下至单位职工，他一一列举出现的问题与弊端，并且提出改进意见，弄得很多人都看不惯。

等小王实习即将结束，本以为公司会给他一次难忘的表扬大会，却没有想到接到了分公司人事部的一个辞退通知，而且只有四个字作为结束语"锋芒太露"。

一个人即使有着比别人要好的智商，但是不懂收敛，也是很难活在社会上的，因为社会是一个大团体，并不是以你为中心的，如果不能认清形势，摆不正自己的位置，当然会害了自己，得不到自己应得到的东西。

别去钻牛角尖

　　当你这方面比别人强的时候，不代表你另一方面就比别人好，人无完人，所有的人都有自己的不足与优点，但是若不能认清这个现实，而是自以为自己无所不能的话，那么这个人也是极为愚蠢的，他们自认为什么事情都很懂，结果往往弄巧成拙，狼狈不堪。

　　有一位年近八十的老人，他总认为自己活了这么大岁数，什么不懂啊，为了表示自己的学问高，他留了很长的白胡子，为此向朋友说："古代的文人或者是大贤者都有很长的胡须，而我也有。"

　　有一天，老人坐在家门口闭目养神，突然听到有一个人在叫他，他睁开眼睛，看到了聪明可爱的小朋友正笑眯眯地玩着他的胡子，他很生气大声斥责他："小鬼，你干什么，不知道胡子留这么长是很难的吗？没事去一边玩去。"

　　小孩子看着他并没有生气，而是低着头深思道："老爷爷，我有个问题想不明白，您这么有学识，可是您知道自己的胡子晚上睡着的时候是放在被子里面还是放在被子外面的吗？"

　　老人一听也愣住了，是啊，我陪着自己的胡子睡了这么多个日日夜夜，要是答不出来多丢人啊，他就回到家里拿起被子开始睡觉，可是他发现把胡子放在被子里边不舒服，又把它拿到外边，可是还感觉特难受，他不知道要怎么办了，就再也睡不着了。

　　第二天他缠着那小孩子，非问他自己睡着的时候胡子是在被子外边还是在里边，小孩子早已忘记了自己昨天的问题，看到老爷爷因为这么一个简单的问题而弄得夜里睡不着觉，他感到很搞笑，他就仰起自己的头来："大人都说老爷爷你才高八斗，而且无所不能，为什么这么简单的东西你就不懂呢？胡子放在什么地方，有必要考虑这么久吗？"

老爷爷听了他的话很是惭愧，是啊，自己总以为什么都懂，到最后还不是要靠一个小孩子来解答这道题嘛！而且这么简单的题还是从自己身上发现的，后来他就将自己的胡子全部剪掉了，这样自己也不用为吃饭而犯愁了。

其实有些人的确是很有才华的，但是却不能说自己无所不能，因为你的才华并不代表在其他的方面也很成功，如果许多高智商者看不透这样一个简单的道理，那么他永远都站不到人生的巅峰去看待任何事物，活着又岂会快乐呢？

舍弃名利

做人要淡看名利，抛弃优越感，在荣辱面前不惊，似长天云卷云舒，似雨声时断时续，不管是做什么事都淡于心中，好就是好，不好就是不好，不必去自己感觉，让别人去评论，如果你真好，别人一定会说你好，但是如果你自己说好，自我感觉非常棒，那就未必能得到别人对你的认可了。

大凡社会的人都是一样的，每一个能够生存在社会的人都有着一定的优点的，比如长相上的优越，比如头脑上的优越，比如家庭背景的优越，等等，优越可以说是无处不在的，但是如果拿这种优越去自负，去自傲，而不懂得天外有天，不懂得谦虚做人，那么你也只能在比较中寻得烦恼，痛苦一生。

有一个刚从大学毕业的高才生小李，他自认为自己的学历比公司里的人都高，那自己懂得的东西也会比别人多，所以做起事来常常抱有一种高高在上的姿态，很多事情好像只有经过他的手才能得到认可一样。

有一次公司要设计一批新产品，指明这种新产品必须适应现在所有人的爱好，不管是老人还是年轻人，必须都能够喜欢的，而且这种新产品也不能是吃的更不是用的，而是穿的，公司领导交代下去之后，就离开了。

小李坐在电脑面前开始发呆了，做一种年轻人能穿，老人也能穿的衣服，怎么去做啊，老人和年轻人的爱好根本就不同嘛，而且年轻人也分好几种呢，但是他却自认为自己是公司的才子，自己做不得，别人又怎能做得了呢。

一个月过去了，公司领导来检查成绩，看到很多人都拿出了自己的作品，虽然不是很让人满意，但是从作品中也看出了他们对公司的负责态度，所以公司领导也就没有批评或者是指责他们。

公司领导来到小李的座位旁边，希望看到小李的作品，但是结果却只看到小李低着头，一件作品也没有做，公司领导很是气愤："你拿着公司的工资，却整整玩了一个月，什么也没有做，这一次本来就是要考查你们的态度的，你明天不用到公司上班了。"

不是说有能力就得重用，最重要的还是态度，小李这种对公司不负责的态度造成了今天离开公司的局面，自以为自己有着比别人好的才能，就产生一种优越感，而不知谦虚，使他后悔一生。

不过，任何事物都有两面性，优越固然是好的，这能进一步说明你的确比别人强，但是你把这种优越当成一种骄傲的资本，而不是奋发向上的动力，那么它一定会成为你未来的绊脚石，所以做人要学会自谦，学会适度把握优越感。

所谓天外有天，不是说你好所有的人就不如你，如果你把那种比别人都好的心态放在最重要的位置上，哪天真来一个比你好的人，你又会怎样对待，两强之争必有输赢，你那么自信，可是却输了，这时你又拿怎样的心情去见别人。

自作聪明者可悲

有些事情可以耍小聪明，但是责任方面却是不能如此的，如果你在责任方面去耍小聪明，去推脱责任，不管是你的人品，还是你的作风，都将会受到社会人士的道德谴责，你的一生也会在愧疚和悔恨中度过，最后落个聪明反被聪明误的可悲下场。

日常生活充满了各种各样的事情，但是偏偏有些"聪明"者却总以为自己可以解决任何一件事情，他们能把煤是黑的说成白的，能把白天看成黑夜，只因为他们有着与别人不一样的脑子，就总以为自己说的是最有道理，最真实的。

很多事情却并没有那么简单，因为一些事物是不可改变的，就好比社会的规则吧，你觉得自己能把这些东西推翻吗？它是事实存在的，为着生活能够变得更美好而不能将之抛掉的规则，它们永远不会被推翻，所以别和这些规则发生碰撞，否则将会是那些自作小聪明人的可悲。

有这样一个故事：李军是一名会计，他的妻子是毛纺厂的工人，经过自己的拼搏也算是家有小成吧，夫妻俩买了小房子，子女也都长大了而且十分孝顺，他们俩也算是感到满足和幸福了，觉得这一生没有白活。就在他们准备好好享受晚年时，却遭遇一场突如其来的车祸，打破了这个家庭的沉静、祥和。

两位老人晚上在家附近散步，正在又说又笑的时候，一辆急驰而来的小车突然撞了过来，两个人当场昏迷。惨案发生以后，自作聪明的司机仗着自己是一名警察，懂得交通规则，为了逃避这场车祸，仗着自己对法律的认识，逃之而去了。

　　但是天网恢恢，疏而不漏，负责办案的民警在路口拦下了他，可是他却百般狡辩，说自己是冤枉的，将所有的责任推到李军夫妇身上，作为一名警察，自己犯了法却无视实事铁证，还巧言争辩，这是一种很不道德的行为。

　　所有的人都不是笨蛋，在铁证的面前，查出了他属于酒后驾驶，应承担所有的罪责，更为可气的是作为一个警察，知法犯法，被抓之后还要再去争辩，非常可恶，本来是承担一些医药费也就罢了，现在不仅要承担所有的治疗费，而且还要等候法院的制裁，还丢了自己的工作。

　　这个警察无视规则的约束，道德的约束，他以为能够借助于自己的特殊身份，蒙混过关，可是他未料到自己的小聪明却导致了妻离子散，倾家荡产，而且还要在有生之年背负着不负责任、明知故犯的社会骂名。

示弱于人，淡然处世

对你示弱者并不是不如你，反而是比你更强。为什么女人爱哭，因为哭了就能得到自己想要的；为什么跪倒在地的人会有一天站在你的头顶，因为跪了才能让你放松警戒，取得信任，然后等待时机，反败为胜，实现自己的梦想。

示弱是一种生存法则：示弱者得强势，放下架子学做弱者，弱者知谦虚谨慎，懂忍辱负重。弱者会以淡然之心处世：宽容待人，以柔克刚；以弱胜强，赢得漂亮，活得精彩！

懂得示弱的人必定懂得放下，世上之人没有不想得名利者，但是只有放下名利，淡然处世才会得名利。示弱者放下名利，包容一切，和善待人，真诚交友，得仁义者得人心，得人心者得天下。

从前有一个大画家，他画的画可以说是活灵活现，栩栩如生，上门求画的人都快将他家的门槛踩破了，但是他却从未被这些人的到来而打破思绪，而是更加专心地用功画画。

有一次，他家采了一个大官想来招他为己用，但他对于这个大官不理不睬，仍就沉浸于自己的画作之中，这位大官是当朝的红人，而且宫里的人都会让他三分，但是今天这位画家却不给面子，丢他一个人在这儿干等，他却没有生气，而是耐心地等他完成画作。

画家终于把自己的画作完成了，看到这位大官还在自己的客厅等着，他知道面对的将是什么，但是他一点也没有害怕，而是来到大官的面前不惊不惧，笑容满面。那位大官看到他一点也不害怕觉得十分欣赏，就问他："为何见了本官，明知自己怠慢了还不害怕？"

画家答道："怕也得承受，不怕也得承受，与其去想这些怕与不怕，不如不想，所谓兵来将挡，水来土掩也是如此啊！"

大官哈哈大笑道："你不怕我重打一顿，以解我之气吗？"

画家说道："画东西就要静得下心来，不可二心，想要一幅好画还不能耐心等待，怎得珍品，如果你重打我一顿，不仅得不到好画，更得不到我的真心，虽然你是大官，但是在我看来你就是一个昏官，一个活了半辈子也没有活出真人生来的糊涂人。"

大官听了不仅没有生气，反而放下自己的官架，大加夸赞："听说你不为名利，不畏权势，今天看来果不其然，我不为你的画而来，为你这份淡然而来，想招你为门客，你可愿意？"

画家答道："你以和待人，淡然名利，对待别人真诚，能做到这一点也是不易，你没有在小人面前显大官风范，示弱求贤，我又怎会不答应呢？"画家与大官最后成了最好的朋友，相互帮助，自得其乐。

大官示弱画家赢得画家真心，自愿跟随他左右，画家用自己的淡然处世风格赢得大官青睐，两人相互尊敬，以诚待人，活出了一份淡然，一份坦荡，一份真诚。

示弱于人是交友之道，示弱表示尊重，只有懂得示弱者才能真诚待人。做事不计前嫌，大事化小，小事化了。不因欲而祸其心，不因贪而祸其生，以德服人，以弱胜强。

舍与得

第四章
舍得是一种心态的平衡

　　心灵的房间，不打扫就会落满灰尘。扫地除尘，能够使黯然的心变得亮堂；把事情理清楚，才能告别烦乱；把一些无谓的痛苦扔掉，快乐就有了更多更大的空间。

保持心态的平衡

时光如白驹过隙，人的一生也是那样匆忙，要想快乐地品尝到人生的精华，需要我们保持一种不卑不亢、宠辱不惊的平常心。在一些高档场所，我们不必为自己身上的寒酸衣着而羞愧，遇见大款和高官也不用点头哈腰。我们只要保持住心中的那份坦然，即使出身卑微，也不必为此愁眉不展，我们不妨快乐地昂起头，迎接阳光的洗礼。纵然没有高学历，我们也不自惭形秽，仍然要保持一种积极拼搏的人生态度。只要我们尽自己的最大努力，勇敢地面对人生的挑战，无愧于自己，无愧于社会和他人，我们的心灵就会多一份自然。

保持一颗平常心，是一门生活艺术，更是一种处世智慧。人生在世，生活中有乐有苦，有荣有辱，这是人生的寻常际遇，不足为奇。古往今来，万千事实证明，凡是有所成就者无不具有"荣辱不惊"这种极宝贵的品格。荣也自然，辱也自在，一往无前，否极泰来。

生活在这个世界中的我们，总会面临着生老病死等不幸，面对有些从天而降的灾难，我们还能否保持住心中的那份宁静，如果能处之泰然，则总能使平静和开朗永在心底。而有一些人面对突如其来的境遇方寸大乱，不亚于《红楼梦》中那个听到贵妃殒天的贾母，以为天要塌下来了，从此一蹶不振。同样的境遇，不同的人就会产生不同的反应。他们的差距表现在哪里呢？根本的原因就在于能否保持一颗平常心，是否能及时而平静地处理变故。

一些古今中外的伟人，他们遇事不慌，沉着冷静，正确判断所处局势，及时应变，取得了令人瞩目的成就。一般来说，人们只要不是处在激怒或疯狂的状态下，都能够保持自制并做出正确的决定。健康正常的情绪，不仅平时可以给生活带来幸福稳定和畅快，而且能在大难临头的时候，帮助你逢凶化吉，转危为安。

保持平常心绝不是安于现状。人类的伟大在于永无休止地渴望和追求，历史的嬗变在于千百万创造历史的人们永无休止地劳作。生命是一个过程，而生活是一条小舟。当我们驾着生活的小舟在生命这条河中款款漂流时，我们的生命乐趣，既来自与惊涛骇浪的奋勇搏击，也来自对细波微澜的默默深思；既来自对伟岸高山的深深敬仰，也来自对草地低谷的切切爱怜。

所以我们平常的生命，平常的生活一经升华，就会变得不那么平常起来。因为，生命和生活是美丽的，这种美丽，恰恰蛰伏于最容易被我们忽略的平平常常之中。没有把平常日子过好的人，体味不到人生的幸福，没有珍惜平常的人，不会创造出惊天动地的伟业，因为平常包容着一切，孕育着一切，一切都蕴含在平常之中。

现实生活当中为什么那么多人大红大紫之后又身败名裂了呢？我们不得不深思。

淡化利欲是应对不测的上全之策。凡事看淡些，看轻些，别贪一时之欢。好事降临时要记住居安思危的道理，淡泊利欲的诱惑才是处世的自然之道。要做到淡泊、睿智，以平常心待之。这样，当不幸降临时，也能应付自如，才不会被突然降临的不幸压倒。

人生的岁月是条河，有平缓的顺流，也有急流险滩，驾船而行的你，一定要把好自己的舵。

保持平常心是人生的一种境界，平常心不是平庸，它是源于对现实清醒的认识，是来自灵魂深处的表白。人生在世，不见得权倾四方、威风八面，也就是说最舒心的享受不一定是物欲的满足，而是性情的恬淡和安然。

如果能够对生活中的各种境况随遇而安，我们即使在逆境也能镇定自若，也能以从从容容的心情看待人生的苦与乐，以平常的心态去迎战一切。诸葛亮说，淡泊以明志，宁静而致远。平常心是人生中的一种美丽，有了它，我们会不做作、不粉饰，襟怀坦然。平常心不仅会给自己一双明亮和洞穿世事的慧眼，还可以使自己拥有一个美好充实的人生。

收放自如

　　人生的境界有高有低，境界高者像一面镜子，时刻自我观照，不断自省；又像一支蜡烛，燃烧自己，泽被四方；更像一只皮箱，收放自如，得大自在。

　　世事变幻，风云莫测，缘起缘灭，众生在岁月的洪流中渐行渐远，一路鲜花烂漫鸟语虫鸣，也仍旧不能湮没斗转星移、沧海桑田的无常。承受与放下都非易事，都需要勇气与魄力，而做到收放自如，淡然处之，更非常人所能达到。

　　圣严法师将人分为三类：第一类，提不起、放不下；第二类，提得起、放不下；第三类，提得起、放得下。

　　第一类人占据了芸芸众生中的大多数，他们只懂享受，却从不承担，内心却又放不下对功名利禄的追求，像是寄居在荨麻茎秆上的菟丝子，攀附在其他植物之上，毫不费力地汲取着养分，却从不奉献什么；第二类人有担当，有责任心，而且往往目标明确，会一直凭借着自己的能力向上攀登，而一旦有所获得时，却舍不得放下，只会拖着越来越重的行囊，艰难上路；第三类人有理想、有魄力、有担当，而且心地坦然，头脑睿智，可攻可守，可进可退。

　　一天，山前来了两个陌生人，年长的仰头看看山，问路旁的一块石头："石头，这就是世上最高的山吗？""大概是的。"石头懒懒地答道。年长的没再说什么，就开始往上爬。年轻的对石头笑了笑，问："等我回来，你想要我给你带什么？"石头一愣，看着年轻人，说："如果你真的到了山顶，把那一时刻你最不想要的东西给我，就行了。"年轻人很奇怪，但也没多问，就跟着年长的往上爬去。斗转星移，不知又过了多久，年轻人孤独地走下山来。

石头连忙问："你们到山顶了吗？"

"是的。"

"另一个人呢？"

"他，永远不会回来了。"

石头一惊，问："为什么？"

"唉，对于一个登山者来说，一生最大的愿望就是战胜世上最高的山峰，当他的愿望真的实现了，也就没了人生的目标，这就好比一匹好马折断了腿，活着与死了，已经没有什么区别了。"

"他……"

"他从山崖上跳下去了。"

"那你呢？"

"我本来也要一起跳下去，但我猛然想起答应过你，把我在山顶上最不想要的东西给你，看来，那就是我的生命。"

"那你就来陪我吧!"

年轻人在路旁搭了个草房，住了下来。人在山旁，日子过得虽然逍遥自在，却也如白开水般没有味道。年轻人总爱默默地看着山，在纸上胡乱涂抹。久而久之，纸上的线条渐渐清晰了，轮廓也明朗了。后来，年轻人成了一个画家，绘画界还宣称一颗耀眼的新星正在升起。接着，年轻人又开始写作，不久，他就以他的文章有着回归自然的清秀隽永一举成名。

许多年过去了，昔日的年轻人已经成了老人，当他对着石头回想往事的时候，他觉得画画写作其实没有什么两样。最后，他明白了一个道理：其实，更高的山并不在人的身旁，而在人的心里，只有忘我才能超越。

故事中从山上跳下去的那位登山者就属于圣严法师所说的第二类人，他执着地追求着攀登上世界最高峰的荣誉，而一旦愿望实现，他却不能将之放下，再继续前行，所以他自认为只有绝路可寻；而另一位年轻人之前也有了轻生的念头，但因为不能违背对石头的承诺，所以他才有机会了悟真正的禅机——世界上更高的山在人的心里。

收放之间，人们总能不断得到提升，只有放下名利世俗的牵绊，怀有朴质自然的初心，才能不为外物烦扰，真正提起生命的意义。

得失勿挂心，宠辱不心惊

有一只木车轮因为被砍下了一角而伤心郁闷，它下决心要寻找一块合适的木片重新使自己完整起来，于是离开家开始了长途跋涉。

不完整的木车轮走得很慢，一路上，阳光柔和，它认识了各种美丽的花朵，并与草叶间的小虫攀谈；当然也看到了许许多多的木片，但都不太合适。

终于有一天，木车轮发现了一块大小形状都非常合适的木片，于是马上将自己修补得完好如初。可是欣喜若狂的轮子忽然发现，眼前的世界变了，自己跑得那么快，根本看不清花儿美丽的笑脸，也听不到小虫善意的鸣叫。

木车轮停下来想了想，又把木片留在了路边，自个儿走了。

失去了一角，却饱览了世间的美景；得到想要的圆满，步履匆匆，却错失了怡然的心境。所以有时候失也是得，得即是失。也许当生活有所缺陷时，我们才会深刻地感悟到生活的真实，这时候，失落反而成全了完整。

从上面故事中我们不难发现，尽善尽美未必是幸福生活的终点站，有时反而会成为快乐的终结者。得与失的界限，你又如何准确地划定呢？当你因为有所缺失而执着追求完美时，也许会适得其反，在强烈的得失心的笼罩下失去头上那一片晴朗的天空。

据说，爱斯基摩人捕猎狼的办法世代相传，非常特别，也极有效。严冬季节，他们在锋利的刀刃上涂上一层新鲜的动物血，等血冻住后，他们再往上涂第二层血；再让血冻住然后再涂……

就这样，刀刃很快就被冻血掩藏得严严实实了。

然后，爱斯基摩人把血包裹住的尖刀反插在地上，刀把结实地扎在地里，刀尖朝上。当狼顺着血腥味找到这样的尖刀时，它们会兴奋地舔食刀上新鲜的冻血。融化的血液散发出强烈的气味，在血腥的刺激下，它们会越舔越快，越舔越用力，不知不觉所有的血被舔干净，锋利的刀刃暴露出来。

但此时，狼已经嗜血如狂，它们猛舔刀锋，在血腥味的诱惑下，根本感觉不到舌头被刀锋划开的疼痛。

在北极寒冷的夜晚，狼完全不知道它舔食的其实是自己的鲜血。它只是变得更加贪婪，舌头抽动得更快，血流得也更多，直到最后精疲力竭地倒在雪地上。

生活中很多人都如故事中的狼，在欲望的旋涡中越陷越深，又像漂泊于海上不得不饮海水的人，越喝越渴。

可见，得与失的界限，你永远也无法准确定位，自认为得到越多，可能失去也会越多。所以，与其把生命置于贪婪的悬崖峭壁边，不如随性一些，洒脱一些，不患得患失，做到宠辱不惊，保持一份难得的理智。

坦然地面对所有，享受人生的一切，得到未必幸福，失去也不一定痛苦。得到时要淡定，要克制；失去时要坚强，要理智。兜兜转转，寻寻觅觅，浮浮沉沉，似梦似真，一路行走一路歌唱。像圣严法师所言，"做一个虔诚的朝圣者，可以不拜佛不敬神，永远地感恩生活的赐予，便会获得最美好的祝福"。

清除心灵的污染

美国哈佛大学校长来北京大学访问之时，曾讲过一段亲身经历：

这一年，他向学校请了三个月的假，然后告诉自己的家人，不要问我去什么地方，我每个星期都会给家里打个电话，报个平安。实际上是因为厌倦了日复一日重复的工作，于是，他只身一人去了美国南部的农村，趁着假期去尝试着过另一种全新的生活。在那里，他做着各种各样的工作，到农场去打工、给饭店刷盘子。和农民们一起在田地里做工时，背着老板躲在角落里抽烟，或和工友偷懒聊天，都让他有一种前所未有的愉悦。

他还说到了他遇到的一件最有趣的事，他最后在一家餐厅找到一份刷盘子的工作，只干了四个小时，老板就把他叫来，给他结了账。饭馆老板对他说："可怜的老头，你刷盘子太慢了，你被解雇了。"于是，这个"可怜的老头"重新回到哈佛。回到自己熟悉的工作环境后，却觉得以往再熟悉不过的东西都变得新鲜有趣起来，工作成为一种全新的享受。这三个月的经历，像一个淘气的孩子搞了一次恶作剧一样，新鲜而刺激。并且重点在于，有了这次经历之后，一切在他眼里就如同儿童眼里的世界，一切都充满乐趣，也不自觉地清理了原来心中积攒多年的"垃圾"。

现代社会，生活节奏是飞快的，于是伴随而来的是人们生存压力的不断加大。所以，在人生的某些时期或阶段，人们总会莫名地感受到一种难以摆脱的压抑和烦躁，主动地寻求排解和减压是很正确的做法。

有一位作家曾经说过：冠冕，是暂时的光辉，是永久的束缚。一个人只有走出成功的光环，并摆脱成功的束缚，才能不断地迈步向前。

说起篮球，不能不提乔丹。当年，在连得三届NBA总冠军后，神话般的飞人乔丹也未能免俗，当他发现已经没有什么需要他证明的时候，他感到了空虚和茫然，于是选择了退役，改行去打小时候就很喜欢的棒球。结果不但反应太慢，而且脚步不够灵活，勉强在芝加哥白袜队混了个板凳队员。每天有大批的球迷涌进棒球场，他们不是来看棒球的，而是喊着排山倒海的口号，请求乔丹回去打篮球的。尽管成绩不好，可乔丹依然很快乐，他对朋友说："我需要换一种方式前进。"直到公牛队面临着连续两年失利的关头，乔丹才像个贪玩的孩子一样回到球队。在归队的那一天，克林顿在白宫早会上说："截至今天，我们今年总计创造了60万个就业岗位，现在是60万零1个——乔丹回来了！"随着一句简单的"I'm back"，乔丹重返NBA。回归之后，与伙伴们一鼓作气，乔丹又取得了一个三连冠，成就了NBA历史上一个遥不可及的王朝。

漫步在尘世这个大环境，心灵也难免会沾染尘埃，学会定期给自己复位归零，你会发现：原本枯燥、缺少激情的生活和工作竟然是那么美好。

不要太在乎过去

永远不要把过去当回事，永远要从现在开始，进行全面的超越！当"归零"成为一种常态，一种延续，一种时刻要做的事情时，也就完成了职业生涯的全面超越。"空杯心态"并不是一味地否定过去，而是要怀着否定或者说放空过去的一种态度，去融入新的环境，对待新的工作，新的事物。

所有的事情都是有因果的，外在的放手来自内心的割舍，而内心的割舍，恰恰又是最不容易做到的。

在古代，有一个佛学造诣很深的人，听说某个寺庙里有位德高望重的老禅师，便去拜访。老禅师的徒弟接待他时，他态度傲慢，心想：我是佛学造诣很深的人，你算老几？后来老禅师十分恭敬地接待了他，并为他沏茶。可在倒水时，明明杯子已经满了，老禅师还不停地倒。他不解地问："大师，为什么杯子已经满了，还要往里倒？""是啊，既然已满了，干吗还倒呢？"禅师说："你就像这只杯子一样，里面装满了自己的看法和想法，如果你不把杯子空掉，叫我如何对你说禅呢？"

这个故事告诉我们：若想学到更多学问，先要把自己想象成"一个空着的杯子"，而不是骄傲自满。想接受新东西，只有将心倒空了，才会有外在的放手，才能拥有更大的成功。所有想在职场发展的人，都必须拥有这个重要的心态。

曾在一个杂志上看到这则故事：一个落魄的篮球明星来到一家洗车店里打工。经理要求他在擦车时摘下冠军戒指，以免将车划伤，但遭到了他的拒绝。这个篮球明星说："这枚戒指是我剩下的唯一荣耀，如果把它拿走，我就会崩溃。"结果可想而知，他失去了这份工作，被洗车店解雇了。

这个篮球明星就是因为没有归零心态，所以失去了工作。海尔集团首席执行官张瑞敏说："我们主张产品零库存，同样主张成功零库存。只有把成功忘掉，才能面对新的挑战。"作为一个世界名牌，海尔年销售额数百亿元，张瑞敏从未有一丝飘飘然的感觉，相反，时时处处向员工灌输危机意识，要求大家面对成功始终保持一种如履薄冰的谨慎。

成功永远只能代表过去，一个人若是长久沉迷于对以往成功的回忆，那他就再也不会进步。对于有远大志向的追求者来说，成功永远在下一次。保持"归零"心态，才能不断发展创造新的辉煌。足球史上的伟大球王贝利在接受记者采访时，被问及哪一个进球是最精彩、最漂亮的，他的回答永远是："下一个！"著名作家金庸先生在被浙江大学聘为教授时说："以前写小说、办报纸，觉得自己的学问还应付得来，但现在当大学教授，跟其他教授相比，就觉得自己的学问不够了。我现在正在研究五代十国时的历史，希望可以写一些好的历史书。"

从零开始，其实就是一种虚怀若谷的精神。有了这种精神，人才能够不断进步，企业才能不断发展。如果你一味沉浸于以往的成功、荣誉、辉煌、掌声或成绩，就难免会迷失自我。同样的道理，如果你太过于在意昔日的失败、无能、平庸或污点的话，也会导致裹足不前。尤其是在企业中，这种现象极为常见，一些在公司取得过很高成绩的员工，或是刚刚从其他企业较高职位转入新公司时，这些人的工作态度，都很难达到归零心态。还有很多企业员工，总是沉湎于过去的失败，而对工作中的挑战望而却步，以至于总是无法提高工作效率。

现实中，这种现象的存在，不管是对个人还是企业，都是很不利的。

　　彼特是一个刚参加工作不久的年轻人，他找到一位著名的企业家，希望向他请教有关成功的秘诀。企业家先是让彼特介绍一下自己，于是他长篇大论地讲述自己的良好品质以及所取得的成就。

　　当这位企业家针对彼特的实际情况提出有关工作态度和职业方向的建议时，他却并不愿意接受，他觉得自己有一个更好的主意，因为自己其实已经取得了一些成绩，只不过这些成绩是在其他领域。彼特相信，自己的经验肯定也可以运用到这家企业。所以，不管企业家说什么，他总是有一个"更好的"主意在那等着。

　　这时，企业家拿起一个装满白酒的玻璃杯，请彼特拿在手上，然后自己又从旁边提来一壶酒，慢慢地往玻璃杯中倒。就这样一直倒着，直到溢出的酒沿着杯壁流到了地上。但企业家好像还没有停止的意思，直到彼特惊讶地喊出来："您别倒了，再倒就都浪费了！"

　　终于，企业家将酒瓶不紧不慢地收回，说道："你的话正是我想说的。这壶酒和我想教给你的东西是一样的——都是浪费。你已经像这个杯子一样装满东西了。"彼特问道："我现在的经验难道毫无价值吗？"企业家回答道："你的思维方式使你成为现在的样子，并且拥有了现在的东西。按照同样的方式思考下去，你不会达成自己所希望的目标。你走吧，等你放弃了这一切之后再回来。到那时候，我的东西才能够教给你。"

　　现实生活中，常怀归零心，才能够接受更新的思想。蛇类每年都要蜕皮才能成长，蟹只有脱去原有的外壳，才能换来更坚固的保障。旧的思想如果不舍弃，新的思想不会诞生。

　　昨天的成功，不代表明日的辉煌，过去的失败，也不代表将来不能成功。

放下忧虑，迎取微笑

每个人活在这个世界上，都有自己不同的位置，每个位置都有不同的生活，每种生活都有不同的快乐。就像龙王和青蛙的寓言故事，每个人都有自己的满足与快乐，假如可以不计得失地生活，就不会被角色所制约。

有一天龙王与青蛙相遇，打过招呼后，青蛙问龙王："大王，你的住处是什么样的？""珍珠砌筑的宫殿，贝壳筑成的阙楼，屋檐华丽而有气派，厅柱坚实而又漂亮。"龙王反问了一句："你呢？你的住处如何？"青蛙说："我的住处绿藓似毡，娇草如茵，清泉潺潺。"

接着，青蛙又向龙王提了一个问题："大王，你高兴时如何？发怒时又怎样？"龙王说："我若高兴，就普降甘露，让大地滋润，使五谷丰登；若发怒，则先吹风暴，再发霹雳，继而打闪放电，叫千里以内寸草不留。那么，你呢？青蛙!"青蛙说："我高兴时，就面对清风朗月，呱呱叫上一通；发怒时，先瞪眼睛，再鼓肚皮，最后气消肚瘪，万事了结。"

活在世上，总有一天要进入社会，扮演一定的社会角色，或者是"龙王"，或者是"青蛙"。龙王有龙王的活法，青蛙有青蛙的活法，不用一味地羡慕别人。青蛙和龙王都各有各的快乐，也各有各的痛楚。只要生活得简单，有乐趣，觉得满足，就是美好的生活了。

在我们进入社会后，我们被很多名誉、利益和角色束缚，可以做龙王的只能做青蛙，只能做青蛙的偏偏成了龙王。但是这一切，没有人可以帮助我们，除了我们自己解救自己。当我们释放了自己的愤懑、不满，放下计较、得失与纠缠，就会发现做龙王和做青蛙其实没什么大的区别，只要能够一切都顺其自然，安心做好自己，那么芸芸众生也就各复其根了。这时候，我们看世界的眼光不再挑剔，我们面对世界的态度不再矫情，生命就随着自自然然的状态开放、凋谢，然后等待下一个春天。

人来到这个世界后，一开始无忧无虑，因为需求的东西少，负担少，所以得到的快乐也就多。随着自己想要得到的东西不断地增加，要求不断地提高，各种各样的负担和烦恼也由此而生，除了苦苦追寻要得到的一切之外，再也没有时间去想自己是不是过得快乐。到了最后，终于明白了这个问题，但生命的脚步却越走越远。

唐代诗人王维的《辛夷坞》中说："木末芙蓉花，山中发红萼。涧户寂无人，纷纷开自落。"那山中的芙蓉花并不因生在深山而黯然失色，春来秋去，它依然绽放自己生命的美丽，灿烂地活在世上，体验生命的大快乐。所以，于丹说，人生一大乐事就是，任情挥洒，无往不至。

庄子在《内篇·逍遥游》中说："朝菌不知晦朔，蟪蛄不知春秋，此小年也。"意思是说：树根上的小蘑菇寿命不到一个月，因此它不理解一个月的时间是多长；蝉的寿命很短，春生夏死，夏生秋死，寿命不到一年，所以说不知春秋。它们的生命都是短暂的，一般人觉得它们可怜。然而，这只是人类眼中的人世，如果天地间有一个巨人，他拥有五百岁的寿命，那么他看人就如人看蝉一样，觉得可悲可怜。所以，生命的长短想来总是有限的，唯一没有界限的便是在这短暂的人生里，我们可以融进无穷的快乐。

世间人，有一种情怀是不问结果的，这也是对生命自信的一种挥洒。人在社会中需要经受各种考验和煎熬，心慢慢变冷，像一颗坚硬的蛋。可假如经历过尘世风雨的洗礼，依然能够用阳光一样的微笑面对世界，这样的心态才是最可贵的快乐与真情。

舍与得

第五章
舍得是一种幸福

放下是一种解脱，是一种睿智，它可以放飞心灵，可以还原本性，使你真实地享受人生；同时，放下也是一种选择，没有明智地放下就没有辉煌的选择。进退从容，积极乐观，必然会迎来光辉的未来。

平淡是真

舍得让我懂得知足，放下让我知晓平淡，我知足于我的生活，所以满足中获得快乐，我习惯我的平常生活，所以光明磊落，以一颗自然之心活出一种洒脱：看轻美丑，就能有质朴与纯真；看轻善恶，就会有宽容与真爱；看轻输赢，就得到解救与重生。

平淡是一种表现：当我懂得放下，我就知道了什么叫难得糊涂，什么叫平凡难求。没有人不想平淡一世，平凡一生，活出一份心情，一份快乐，可是就因为有太多的舍不得放不下，为了这些就变得盲目追寻，目光短浅还自以为聪明，到最后自私自利没有人搭理，只得孤独一生。

一个很普通的人，他梦想有一天自己变成一个百万富翁，站在大街上笑看那些轻视自己的人，后来他经过自己的努力终于成了一个百万富翁，开着自己的轿车在大街上四处游走，可是曾经的人早已不再，而现在的人也没有心情去看他的人生，街上行人谁懂别人的心情，到这时他才明白，所有的人都不会去在乎自己是什么样，只有自己的亲人，自己的朋友才会懂得自己的心情。

他很是后悔，为了那些有利益的事情，他坏事干绝，出卖朋友，远离妻女，一个人孤孤单单，还自以为这就叫作人生，幡然悔悟之后，却再也不能挽回当初的那一个平凡但却十分温暖的家，那一些平凡但却十分真诚的朋友。

人生有太多的无奈，但是这些无奈却是自己一手造成的，为了自己那些所谓的理想去盲目地追求，不再去关心身边的所有事情，可是

第五章 舍得是一种幸福

she de shi yi zhong xing fu

悔悟之后，却放不下了那一颗早已失去平淡的心，但又不愿意再回头看人生的路，他就这样盲目地在人生的路途中前行着，一个人用黑夜来承担漫长的寂寞与悲伤。

不是人生制造了悲剧，是自己给了自己一生的伤痛，上帝是公平的，他给了所有人最好的生活，那就是平凡，但是人的贪心毁了这种幸福，他们用自己的双手创造了痛苦，不管是失败还是成功，他们都会生活在无穷的黑暗之中，找不到解脱，找不到方向。

其实回过头来想一想，放下自己的无知，放下那种不属于自己的生活，回到曾经温暖的家庭，再细细体味一下，那又何尝不是自己一生的追求呢?

不要为错过而哭泣

　　错过了太阳不要哭泣，如果只是哭泣，那么你将错过月亮；错过了月亮不要流泪，如果只是流泪，那么你也将错过繁星；错过了繁星不要遗憾，如果只是遗憾，那么你将错过流星。人生是由许许多多的错过组成的，不要因为一时的错过而悔恨，如果只在意眼前的错过，那么你将会有更大的错过。这一次的错过也许是下次邂逅的开始，错过并不意味着失去，而是意味着更完美的开始。

　　一件美好的事物错过了，固然会让人伤心，让人牵挂，但不应该让自己对美好事物的牵挂扰乱了自己的生活，这样就不合适了。

　　在这个世界上，也许有无数个错过。也正是错过了，所以才让我们对事物看得更清，对事物的评价更准确，有时候错过也是一种美丽。

　　生活中总有太多的错过，几多忧愁，几多相思。我们停留在错过的遗憾的不经意间，许多更美好的事物和回忆与我们擦肩而过。也许那些在不经意间错过的才是最美好的，如果我们只会停留在眼前错过的伤感中，那么我们会错过更多。

　　人们总喜欢把错过和失去当成人世间最遗憾的事情，为什么不把错过看作人生最美的邂逅呢？凭着自己对未来的憧憬，告诫自己努力前行，在每一个相思的日子里，在每一个翘首以待的时刻，幸福地过着今生的分分秒秒，这样的错过也是人生一道美丽的风景。

　　曾有一个人在熙攘的人群中看到了一个令自己怦然心动的背影，于是这个人便拼命挤到这个背影的身边，希望一睹她的芳容。可是当他看到这个背影的容颜时，差一点惊叫出来。背影姣好的她脸上竟然有那么多的青春痘，而且眼睛是那么小，鼻子还不高挺。这与自己所设想的"正面"简直就是天壤之别！他逃也似的离开了，原本打算搭讪的话也吞到了肚子里。

如果这个人能够抑制住自己的好奇心，能够珍存眼前的"背影"，而不是要看到对方的真实面目，那么自己也就不会受到如此大的打击了，还不如错过，错过还可以保留自己对她的一份完美的想象，而抓住了，反而让自己得到了满腹的失望。

这就是人生，当你对眼前自认为美好的事物想象着它的真实面目时，一旦你看到它完全相反的本真时，自己的心灵就受到了重重的打击。所以说，错过有错过的美丽，错过并不意味着失去，而是意味着你可以保留对它的完美想象，而不是见到本真的失望。

放下，让心灵得一片轻松

一个人在行进中如果背负着沉重的包袱，那么他是不会走得太快的，而且还会很累。人生就像在登山，如果你抛弃了人生的包袱，那么你登山的脚步会更轻快。可是，生活中总有那么多的人，在登山的时候愿意背负着重重的包袱，明知很累，却不愿意丢下，在这些包袱中，感情就是其中之一。在有的人身上，感情是登山唯一的包袱。他们总以为放下了感情，自己就没有了登山的动力，殊不知，放下了，你才不会痛苦，才会更有精力去"登山"。

人生有很多痛苦，因情而痛是最平常也是最多的。很多人明知自己无法承受住感情的痛苦，却还迟迟不愿卸掉痛苦的行囊，认为放下了感情自己就迷失了，连痛苦也感受不到了。其实，这只是他们的想象，生活中也有很多人，他们在爱情受伤后，抛弃了爱情带来的伤害，反而生活得更精彩。所以，放下了才不会痛苦，才会从痛苦中解脱。

有的人会说，放下感情，说起来容易，做起来难。确实，放下曾经的深厚感情，不是每个人都可以做到的。放下的过程也是痛苦的，因为放下就意味着你从爱情的战场上退出，就意味着你没有了拥有的机会。但如果不放下手中的东西，你怎么用你的双手去抓住更多的东西呢？这是生命的无奈，也是生命的必需。生活给予我们每一个人的都是一座宝库，一座花园，要想管理好自己的宝库和花园，就必须学会放下某些东西。

有一位高僧，他十分喜爱陶壶。只要他听说哪里有壶的佳品，他都会不顾一切地亲自鉴赏。如果符合了自己的心意，无论花费多少他也愿意。在他收集的茶壶当中，有一个龙头壶最受高僧的喜爱。

一天，一个许久没见的朋友前来拜访，高僧拿出这个钟爱的茶壶为他泡茶。朋友也甚是喜欢这个龙头壶，一直对它赞不绝口。但是，在把玩的过程中，朋友一个不小心将茶壶掉到了地上，茶壶顿时成了碎片。

高僧没有说什么，只是蹲下身子，收拾起茶壶的碎片，然后拿出另外一只茶壶给朋友泡茶，谈笑，并没有不高兴。

朋友走后，弟子问他："这是师父最喜欢的茶壶，被打破了，师父不难过吗？"

高僧说："事实已经是事实了，再留恋茶壶有何用？不如重新寻找，也许还会找到更好的。"

在我们的生活中，我们总会对这样那样已经发生的事情耿耿于怀，殊不知这是一种多余的举动。与其抱着无用的烦恼，不如放下烦恼，开始新的生活。拿得起，放得下，才是真正的人生态度。

放下痛苦，才不会痛苦，才会让自己更放松。用一颗平淡的心相守生活，这何尝不是人生的一种幸福呢？

人生的痛苦由谁决定？当然由自己决定。如果抱着旧情很痛苦，不如放下，只有放下了，才不会痛苦。人生的不如意有那么多，如果我们都抱着不放，那么我们还怎么轻松地生活？人的一生有很多东西需要拿得起，放得下，就好比爱情。痛苦的爱情只有放下了才不会痛苦。

男孩曾经与自己的女友一起做过这样一个心理测验，题目是这样的：如果钱包、钥匙和电话本这三样东西同时丢了，选出对你来说最重要的。女友选择了电话本，而他则选择了钥匙。最后答案说明，女友是一个怀旧的人，而他则是一个追求现实的人。后来他们分手了，女友确实总是因为过去的事情而不快乐，大学未果的爱情至今还让她念念不忘，而这个爱情的主人公则早已为人夫、为人父。女友的心永远生活在过去，所以错过了一个又一个不错的选择，其中也有适合她的人。

很多人在我们的生命中只是过眼云烟，倘若深陷其中就是一种自虐。不放弃那些过眼烟云，又怎能看到生活的彩虹？佛家有云："苦海无边，回头是岸。"可是，有的人就喜欢执迷不悟，就喜欢自寻烦恼。生活中的垃圾该丢掉的时候就丢掉，情感上的垃圾也应如此。

放下是一种选择的智慧

现实生活中，每个人都希望自己长期拥有一物而永不放下。经商者得到了百万，梦想着千万；从政的人，当上了县长，还想当市长；赌博的人，赢了这一次，还想赢下一次。为人处世中最要不得的就是放不下，放不下彼此间的摩擦，放不下心中的恩怨情仇，要想在为人处世中有个正确的取舍就只能是空谈。

很久以前，有一个拥有万贯家财却极其吝啬的老财主，虽然很有钱，却每天都觉得烦恼郁闷。于是，他决定外出去寻找快乐。途中，他看到一堆马粪，如获至宝，本想把它们铲到自己的田地里做化肥，可是一看路边的地不是自己的田，便用衣裳下襟兜着马粪往前走。时值盛夏，老财主兜着沉重的马粪，那散发出的强烈的臭气，臭得几乎把他熏倒，但他仍然跟跟跄跄兜着马粪往前走。

走了没多远看到一个路人迎面而来，老财主便真诚地向其讨教快乐的秘诀。那人被马粪熏得直想吐，一边捂着鼻子一边打着手势说："放下！放下！"然后匆匆地离开了。放下？放下什么呢？让老财主深感不解，低头一看才发现自己还兜着马粪，便将马粪倒在路边的田里，顿时感到如释重负，心中涌出一股快意。

他有所顿悟：这不就是快乐吗！还到哪里去找！并开始回想自己大半生省吃俭用，积累财产，如牛负轭，罪没少受，还活得十分沉重，活得没有一点意思。由于对佃户特别苛刻，搞得怨声载道，这何苦。自此之后，老财主便开始仗义疏财，将田分给穷苦人家种，灾荒年月还开仓济贫。由于广结善缘，做善事滋润了他的心灵，他也变得快乐起来。

人们身处在滚滚红尘中，由于经历得多，同时也会想得多，久而久之在与人相处之时想得也多，太多的障翳、名缰利锁的羁绊、小肚鸡肠……由于把物质利益、名誉地位看得太重，心怀不开，常被这些自寻的烦恼压得喘不过气来，不懂得将那些恼人的名利放下，只会像那个守财奴兜着马粪一样，臭味熏得自己都受不了却依然把它当宝，怎能敞心，怎能惬意，怎能轻松，怎能潇洒！

人生在世，每一个人都会碰到那个老财主一样的愚昧。要想在社会中成功地为人处世，放下其实就是一条最好的选择。放下被侵蚀的戒心，放下诸多的猜忌，放下由于社会的不公而形成的自私心理，放下生活中羁绊自己向前的阻力，你才能敞开心扉，做自在的自己，处世时才不会束手束脚，这就是放下的处世之道，要成功，要做处世的智者。

放下是处世之真谛

人生在世几十年，做人要拿得起，放得下。世事艰辛，人心险恶，做人就需要拿得起，放得下。拿得起在于不要随波逐流，保持自我；放得下在于通达世故，使自己免受伤害。只有放得下，才能将拿得起的东西更好地把握住，抓住最重要的东西。只有这样，你的人生才会有一个更美好的结局。

佛家说，人生最大的幸福是放得下。一个人在处世中，拿得起是一种勇气，放得下是一种肚量。

为什么在这个世界上，有的人活得轻松，而有的人活得沉重？一个人如果能拿得起，放得下，就会活得轻松、快乐；如果拿得起，却放不下，就会活得沉重。所以说，人生最大的选择就是拿得起，放得下，只有这样，你才会活得轻松而幸福！

在人生的道路上，或是鲜花，或是掌声，有处世经验的人，大多是等闲视之，屡经风雨的人更有自知之明。对于坎坷与泥泞，能以平常心视之，就不容易了。在遇到挫折，或是灾难时，能不为之所害怕，能坦然承受，这就是恢宏的胸襟和肚量。

伟大哲学家狄更斯说："苦苦地去做根本就办不到的事情，会带来混乱和苦恼。"拿得起，实为可贵，放得下，才是人生处世的真谛。

有一个叫秦裕的奥运会柔道金牌得主，在连续获得203场胜利之后却突然宣布退役，而那时他才28岁，因此引起很多人的猜测，以为他出了什么问题。其实不然，秦裕是明智的，因为他感觉到自己过了运动的巅峰状态，而以往那种求胜的意志也迅速落潮，这才主动宣布退役，去当了教练。应该说，秦裕的选择虽然若有所失，甚至有些无奈，然而，从长远来看，却也是一种如释重负、坦然平和的选择，比起那种硬充好汉者来说，他是英雄，因为他毕竟是站在人生最高处的亮点上，给世人留下的毕竟是一个微笑。

在生活中，人们往往被自己的欲望搞得不能自拔，想贪求更多的结果，到头来什么都得不到，生活中不是拿不起来，而是放不下。手中的东西不想丢掉，却又要拿起更多的东西。

虽然生活有时会逼迫你，不得不交出权力，不得不放走机遇，甚至不得不抛弃爱情。正因为这样，你不可能什么都得到，所以，在生活中应该学会放弃，放弃那些不属于你的东西。

在生活中，就是因为放不下，才有诸多的麻烦。有的人喜欢坚持"矢志不渝"的思想，守着最初的道路不放，如果你坚信的这条路是正确的，可以去坚持；如果从实际出发，认为有悖常理，就应当毫不犹豫地退回来，去寻找其他的路，才是明智之选。

有人说，苦苦地挽留夕阳的，是傻子；久久地感伤春光的，是蠢人。什么也不愿放弃的人，常会失去更珍贵的东西。一个亘古不变的真理，拿得起，固然可贵，放得下，才是人生处世的真谛。

放下争辩

生活中，有很多事情是让人想不明白的。但如果凡事都要争个是非，弄个明白，这种做法并不可取，有的时候还会带来不必要的麻烦或危害。当你被别人误会或受到别人的指责，这时你偏要反复解释或还击，结果只有越争越糟糕，事情越闹越大。最好的解决方法，不妨把心胸放宽一些，没有必要理会的就不要非争个明白。

在现实生活中，有的人就是要事事争个明白，大有不争明白就不罢休之势。可是，这种做法往往是做人没有人缘，办事办不成。其实，人与人之间存在着各种差异，若是出现矛盾也是在所难免的。聪明的人总会懂得求同存异，大事化小，小事化了，不与人争执。这样不仅给人以好感，而且一些难办的事也会因此而好办。

生活中一些琐碎的事，没有必要事事都争个明白。如果事事都要弄个明白，那么，我们生活得也就太累了。没有生活的激情，没有亲人的支持，好像是与世隔绝，得不到一丝丝暖意。如果想轻松、快乐地生活，就应该学会放下，不要让烦琐的事干扰我们的生活，过我们想过的生活，做我们想做的事。最关键的还是要放下心中的包袱，心灵上的轻松，才是真正快乐的源泉！快乐与金钱、权势、名声、地位都无关，真正能给人带来快乐的是心灵上的解脱！人生的追求应多一分淡泊，少一分名利；多一分真情，少一分世俗！

有的时候，人们不必事事要争个明白。对于一些事，该放下的就应该放下，不要自寻烦恼，给自己的生活带来不必要的麻烦。放下，往往使得心情轻松，愉快！

生活在这个人与人的大圈子里，难免遇到一些误解和摩擦。不要为了一点点小事就大动干戈，非得争个你死我活才罢休，我们不妨试想一下，即使你当时赢了，又能怎么样呢？就因为这个大家就会对你另眼相看了？

相反，大家会觉得你是一个不给朋友留余地、不尊重他人的人，而会因此来提防着你。同时，还会对你记恨在心、耿耿于怀，这样就会在无意中失去真正的朋友，而树立了许多敌人，这样会对我们以后的生活、工作带来诸多的不便。

当我们与人起争执的时候，往往是每一个人都会坚持自己的想法或意见，无法将心比心、设身处地地去考虑别人的想法，所以，没有办法站在别人的立场为他人着想，冲突与争执就在所难免了。如果遇到情况时，能够有一颗善解人意的心，不要单单考虑自己是对的，而是先站在别人的立场上考虑。那么，很多不必要的冲突与争执就可以避免了。

当遇到一些情况时，最重要的是要用理性的方法处理。放下心中的愤怒，等到平静时来处理，就会有另一番情景。当我们在摈弃个人的成见时，不在社交场合为区区小事争斗，不为炫耀自己而贬低他人，发扬一点忍让精神，对许多事情进行冷处理，摆脱互相之间无原则的纠缠和没有必要的争执，不计较一切无损大局的事情。同时，这种做法不会被人认为是懦弱的表现，反而，让人对你有一种敬佩之意。

让人放下，并不是一件容易的事，正如：商人放不下钱财，政客放不下权力；老板放不下架子，百姓放不下面子；老师放不下威严，学生放不下分数。学会放下，就会收得很多意想不到的，宽厚、真诚、荣誉、高雅。放下，是一种境界。放下会让我们的生活变得更加美好。

放下恩怨

放下，是一个人生存的智慧宝典。放下埋怨，你才能笑着面对生活中的苦难；放下私人恩怨，你才能和朋友分享苦乐悲喜。放下是一种心态，它让你于淡然中静候人生的花开；放下是一种选择，它让你在思考中抉择人生的走向；放下是一门心灵的学问，让你笑看人生的风霜雨雪；放下是一种生活的智慧，放下压力获得轻松，放下烦恼获得幸福，放下自卑获得自信，放下懒惰获得充实。

佛家教导后人遇事做到四境界，即面对它，接受它，处理它，放下它，堪称处世应对的宝典。许多人连前两关都过不了，只知逃避现实，遑论正面处理。有些人以大无畏的精神，正视困境，直接迎敌，好不容易处理好了，却在心里留着疙瘩，郁郁难解。放下，是最难的课题。放下，指的是心境上"船过水无痕"的洒脱与看开，不是表面的姿态。有个成语"书空咄咄"，说的是晋朝殷浩的故事，也是告诉我们如何拥有平常心。

晋朝有个叫殷浩的著名玄学家，他以虚无玄妙的清谈称道于世。殷浩是此中高手，一张嘴，一种姿态，名士风范，风靡一时。当时流传很多他的事迹。有人问殷浩说："为什么将要得到官位，就会梦见棺材；将要得到财富，就会梦见粪土？"殷浩回答："官位本来就是腐臭的东西，所以即将当官就会梦见棺材；钱财本来就是粪土，因此将要得到财富就会梦见粪土。"殷浩的一番话，让许多人哑口无言。

他是个不喜欢当官的人，但后来朝廷重用他，让他管理五个州的军事。朝廷的目的是要利用他牵制另一位权高势重的将军桓温。后来殷浩出征，不幸败北。桓温乘机上书，说殷浩的坏话，殷浩因此被废为庶人，流放到南方。殷浩被贬，但仍然维持原来的风格，生活平静，没有怨言，没有被流放的悲愤。其实，这只不过是一种表象罢了，他每天以手指对空写字，以表达内心的感受。

他通过这种肢体语言来表达内心世界，还是被邻居和家人看了出来，发现他写着"咄咄怪事"四个字。咄咄是感叹声、惊怪声。咄咄怪事，指的是令人惊奇，不可思议的事情。"书空咄咄"因此被后人用来比喻失意、激愤的状态。他虽然嘴上没有不满，但他把所有的压抑与不服都埋藏于心。

虽然殷浩从表面看上去很潇洒，而心里其实愤恨不平，这样难免会出事。某日桓温推举殷浩到中央政府任职，并写信给殷浩告知此事。殷浩受宠若惊，回信同意并致谢意。因为过度患得患失，担心信里答复不得体，封信后又拆开来看，反反复复数十回，最后竟然漏了信件，就寄出去了。桓温收到空函大为愤怒，以为在羞辱他，就和殷浩断绝了来往。时隔不久，殷浩也与世长辞。

在这则故事中我们不难发现，"放下它"不仅仅是表面功夫，而是完全从内心里释放出的一种情绪。殷浩看似一派潇洒，居然寄出空信封，可见心事之重。俗话说："得而不喜，失而不忧。"人，一定要有一颗平常心。人生在世，长长短短，聚聚散散，不是每人处处、事事、时时，都能达到完美。平常心、平常态，才是人活世间的至高境界。平常心是清静心、是光明心；平常心是敬业心、正直心；平常心是超脱名利，走向心灵解放的吉祥、自由之路。扔掉那些身上不该背着的东西，给自己一分洒脱、一分质朴。

舍与得

第六章
取舍切忌有贪念

　　过分的贪婪，过分的要求，就会变成一种耻辱，一种让人讨厌的东西，更为可怕的是，它能打消你的自信心，打消你的追求心，摧毁你的精神动力，到最后变得没有人生价值，　而且有可能被千人所骂。

贪婪是一种顽疾

贪婪是一种顽疾，人们极易成为它的奴隶，变得越来越贪婪。人的欲念无止境，当得到不少时，仍指望得到更多。一个贪求厚利、永不知足的人，等于是在愚弄自己。贪婪是一切罪恶之源。贪婪能令人忘却一切，甚至自己的人格。贪婪令人丧失理智，做出愚昧不堪的行为。

贪婪和吝啬使老葛朗台成了金钱的奴隶，变得冷酷无情。

为了金钱，不择手段，甚至丧失了人的基本情感，丝毫不念父女之情和夫妻之爱：在他获悉女儿把积蓄都给了夏尔之后，暴跳如雷，竟把她软禁起来，"没有火取暖，只以面包和清水度日"。

当他妻子因此而大病不起时，他首先想到的是请医生要破费钱财。只是在听说妻子死后女儿有权和他分享遗产时，他才立即转变态度，与母女讲和。

老葛朗台的贪婪和吝啬虽然使他实现了大量聚敛财物的目的，但是他却丧失了人的情感，异化成一个只知道吞噬金币的"巨蟒"，并给自己的家庭带来了沉重的苦难。

葛朗台这样的可怜虫始终是作为反面教材给我们警示的，他的贪婪已经到了常人不可理解的程度了，而他的后果也是悲惨的。

人不能太贪婪，应该学会知足。在当今这个世界上，美好的东西太多，到处充满了诱惑，很容易让人产生欲望和盲动的心态。我们总希望得到尽可能多的东西，于是为了自己无限膨胀的欲望和不着边际的幻想，盲目地去做，甚至铤而走险。贪婪受贿、偷窃、抢劫、行骗、赌博、走私贩毒。

哪一种罪行离得开一个"贪"字？在欲望面前他们也许知道法不容情，但心存侥幸，总想捞足捞够，再金盆洗手，安享其乐。但是贪婪是一条不归路。短期内你的欲望给你带来好处，但贪婪之门一旦打开，你便会陷进去，很难关上它。贪婪是人性悲剧的一面，是人类灵魂的毒瘤，是犯罪作恶的基因。贪欲膨胀，人就会迷失本性，滋生恶念。贪婪的人不会获得真正的快乐，太多的欲望和不着边际的幻想已经使他失去了快乐的资本，因为他总是不满足。

萨迪的《蔷薇园》中有句名言："贪婪的人！他在世界各地奔走，他在追逐金钱，死亡却跟在他背后。"这话说得多好啊。自古以来，没有几个做官的人死于饥饿，但死于敛财的历朝历代大有人在。人不可能把金钱带入坟墓，但金钱却能把人带入坟墓。"高飞之鸟，亡于贪食；深潭之鱼，死于香饵。"一个"贪"字不知使多少为官者身败名裂。古人说："贪如火，不遏则燎原；欲如水，不遏则滔天。"唐朝诗人柳宗元曾写过《传》一文，寓意十分深刻。文中说一种昆虫，长得十分弱小，它本应该有自知之明，知足常乐。可是却因为太贪婪，在爬行时，只要是看到自己的中意之物，它就会将其驮在背上。而它喜欢的东西实在太多了，结果不堪重负，最后一命呜呼。贪心不足是一切罪恶的根源。

世界充满了诱惑，而每个人都有着没有尽头的欲望，这是否表明我们无法拒绝贪婪？当然不是。戒贪关键在于心，只要看透了那些诱人贪欲的事物，就能以一颗平常的心来对待欲望和诱惑。古语说："知足常乐。"知足和不知足是一个欲望大小的问题。知足的人欲望很低，或者自己不愿意被欲望所控制，他把欲望看作一种可大可小、可有可无的东西，认为能够实现一点就已经福分不浅，如果不实现，也不必太在意，放弃或者转换到其他方面就是了。拒绝贪婪并不难，难在拒绝自己。

河北省国税局原局长李真，被判处死刑前有记者对他进行专访。

当记者问及关于精神支柱彻底坍塌后成了什么样子时，李真说："我进来之前，也就是风闻上面要查我时，就想把一个箱子里的钱转移到香港，但一看箱子里的钱不满，我就通过朋友通知一个工程承包商说，让他先送来50万元人民币，等工程合同签完后，再从里面扣，否则我就要把工程承包给别人。

那个老板把钱送来后，填满了这个箱子，我就把多余的钱放在了另一个箱子里。"

"再把那个箱子的钱弄满?"李真说："也许会的，人的欲望就是这样无度。"

他告诉大家一个道理：权力与金钱相结合，会孵化出许多害人的毒蛇。权力能获得金钱，金钱能买来纸醉金迷，却买不来尊严和自由，贪婪地追求金钱，不择手段去获取，无异于一砖一砖地给自己建造监狱。

所谓"人之将死，其言也善"，李真最后的这些话反映出了贪婪的可怕，同时告诫我们每一个人要知道适时收手，知足常乐。

一个人永不停息的奋斗精神不可少，奋斗是为了实现自己的目标，创造财富。但并不是说就一直为了金钱名利去争个不停，或者是像葛朗台一样成为金钱的奴隶。

知足常乐语出《老子·俭欲》第四十六："罪莫大于可欲，祸莫大于不知足，咎莫大于欲得。故知足之足，常足矣。"意思是说：罪恶没有大过放纵欲望的了，祸患没有大过不知满足的了，过失没有大过贪得无厌的了。所以知道满足的人，永远是觉得快乐的。

首先，知足常乐并不等于不思进取。知足常乐是说要以正确平和的心态对待荣辱得失。它强调的是一种心态。长途跋涉时，让你痛苦的往往不是漫漫长路而是你鞋子里的那一粒细沙。人生也是这样，打败你的或许不是外部恶劣的条件而是你内心的恐惧与忧虑。四面楚歌，让西楚霸王溃不成军；空城楼上古琴一曲，令司马懿自动退兵。这些何尝不是利用了心理战术，所以心态对一个人行动的影响是不容忽视的。而知足常乐无疑是一剂心灵的良药，帮助我们在纷繁芜杂的生活中形成一个良好的心理状态，对外部的风云变幻泰然处之。同时知足常乐也并非夜郎自大、裹足不前。知足，知现在所得已经足矣，但对将来所求还是不足的。这样，以一颗平常心去对待现在的处境，而用进取的心去开创未来。因为知足，便不会患得患失，没有了负担，轻装上阵自然如鱼得水。所以知今日已有之足不是放弃追求，相反，是对自己过去努力的肯定，为下一次的努力提供一个良好的心理状态。

同时，知足常乐让我们懂得立足现在，珍惜眼前。拥有的，不知足；得到的，不珍惜。醉心于贪念，求快乐只是缘木求鱼而已。

希望我们每个人都要懂得知足常乐的道理，不要过于贪婪，让自己掉进那个钱眼里。

舍得放下是一种生活态度

　　世界在变，社会也在进步，在进步中我们看到为了适应生存，所有的生命体都在变化，鸟为适应天气，不得不向南往北地飞行。可是在我们为了适应生存的时候，同时也出现了贪婪和欲望，因为这些东西能更快地让你达到目的，而有些人就为达到目的，不择手段，结果违反了社会规则，被内心放弃，带着悲伤与悔恨离开这个社会。

　　舍得放下是一种生活态度：做人要知足，不能太贪，贪而不知足者必定走入深渊，自迷而不得脱，以至于最后落得痛苦一生，做人要拿得起放得下，不能抱着不放，如若执迷而不悔悟，到最后终究没个好下场，害人害己，弄得全身是伤，死不得安。

　　水往低处流，人往高处走，有追求才是人生，可是漫漫追求路上却有着太多的艰辛与苦难，而有些人在这些困难与挫折面前失掉勇气，为了达到目的，他们变得贪婪与欲求不满，用阴谋去算计别人，他们舍不得那些名利的诱惑，放不下对那些财富的追求，以至于害了别人也害了自己。

　　有两个人听说东海深处的一个小岛上有一种树，树上能结出自己想要的东西，为了找到那棵树，他们两个人开始坐船向那个神往的地方出发，遇到大风大浪就相互团结，乘风破浪，在大海中来回穿梭，没有食物了就去吃生鱼，没有水了就喝雨水，凭着这种毅力终于找到了传说中的那座小岛。

　　两个人来到岛上开始去寻找那棵小树，第一个年轻人年突然发现，所有的树都十分高大，而只有自己面前的这棵小树很小，自己用手都可摘得树叶，看着如此特殊的小树，他就想是不是这棵小树呢，于是就默默地许了自己的心愿，没想到一会儿树上真结出了一碗米饭和几盘素菜，他十分高兴，就坐在那儿吃了起来，饭饱之后，他就许愿要了能够治好妻子病的金钱，装到了口袋里准备离去，想起了自己还有一个同伴，就去寻找他。

当他带着自己的同伴来到这棵小树下面时，同伴两眼放光，只见他不住地许愿，大把大把的金钱从树上落下来，他还是觉得不够，又怕这位青年跟自己抢，就打发他先走了，青年走之后很是担心他，半路又折了回来，结果发现他由于没吃饭，饿死在了钱堆里。

年轻人很聪明，懂得取舍有度，他没有像自己的伙伴一样拼了命地往怀里装钱，他只想要能为妻子看病的钱，多了他也不稀罕，面对山一般的金钱不为所动，而另一个年轻人却有着贪心不足蛇吞象的心理，他看着那么多的金钱，都没愿意离去，甚至忘记了吃饭，终于死在了金山银堆里，人都没有了还要这些有什么用呢？

面对金钱要懂得适可而止，其实人生在世不过数十载，这些东西可以说是生不带来，死不带去的，我们需要它是因为一种本能，但是却不能过度，如果我们被财富名利诱惑，还不悔悟，那么必定会得不偿失，悲其一生。

放弃是一种睿智。尽管你的精力过人、志向远大，但时间不容许你在一定时间内同时完成许多事情，正所谓："心有余而力不足。"所以，在众多的目标中，我们必须依据现实，有所放弃，有所选择。如果在放弃之后，烦乱的思绪梳理得更加分明，模糊的目标变得更加清晰，摇摆的心变得更加坚定，那么放弃又有什么不好呢？生活中，不堪重负就归零。归零就是清除所有的东西，放弃一切，从零开始。有时候归零是那么难，因为每一个要被清除的数字都代表着或物质或精神上的某种意义；有时候归零又是那么容易，只要按一下键盘上的删除键就可以了。

欲望不满者自灭

　　人有欲望是好事，为着欲望坚持不懈地去追求更好，为着这些目标发誓不达目的不罢休，得到了还想要更多的，这样就会让你变得不近人情，不懂生活，面对什么都不在乎，一心只想着那些永远都满足不了的欲望，一次次地沉溺其中，为了这些抛弃一切，忘掉亲情、友情、爱情，忘掉那些本该有的快乐与纯朴，一生匆匆而过，回首之时只得满含悔恨，郁郁而终。

　　从前有一个人，他有着一个远大的梦想，那就是能够成为一名让所有人都尊重敬爱的不败将军，为着这个梦想，他四处学艺，有时候名师不收他，他就长跪不起，不管是刮风还是下雨，他用诚心赢得了当时很有名气的一个武术大师的青睐，收他为关门弟子，亲自传授武艺。

　　他天生聪明，领悟力也十分好，不出一年的时间，他就学得真才，后来又去学骑马，学射箭，功成之时正逢战乱年代，他骑着战马，拿着长矛，冲锋陷阵，为自己的军队赢得了一次又一次的胜利，但是，他没有想到的是，自己将所有都交给了战场，可是却没有得到指挥官的青睐，只是夸赞一番再无后文。

　　慢慢地他变得开始消极、懒散、不思进取，由最出色的士兵变成了平凡无用的士兵，后来一次战争中，他不小心被箭所射，死于战场，到死他也不明白为什么自己到头来什么也没有得到，碌碌无为一生。

　　他没有想到过自己刚刚加入军队，没有人会去注意，虽然打跑了一些敌军，但是对于那些正在商讨战事的指挥官来说，根本就没有心思去想。如果他能努力地去打仗，用自己的热情去投入战场，一旦赢了，奖励是必不可少的。只因为他没有坚持，他有着一次的骄傲就希望所有的人都注意他，欲望大于实际，一旦不能实现，就会让他失去信心，失去活着的动力，更加不可能全心全意地投入。

为着一种自己的梦想奋斗，固然是好事，在自己奋斗的过程享受着快乐才为最大，不能有付出就想着要回报，因为往往付出100%的时候，回报才不过20%，所以无论什么时候，都不能抱怨，以平常心对待，放下那种不切实际的欲望，放下那些对自己来说没有任何意义的名利，努力地去为自己的人生奋斗，才能活出价值，活出意义。

舍弃急功近利

莎士比亚说过："不应当急于求成，应当去熟悉自己的研究对象，锲而不舍，时间会成全一切。凡事开始最难，然而更难的是何以善终。"

社会的竞争越来越激烈，生活的节奏也越来越快，随着富兰克林"时间就是金钱"的闻名，人们更是不顾一切地一站一站奔波不停。随着这些快节奏的加快，人的心理也产生了很大的变化，那就是很多人都太急于求名、急于求利、急于求成。总而言之，太急功近利。何谓急功近利？急切地追求短期效应而不顾长远影响，追求眼前利益而不顾根本道理，就是急功近利。

古代有个叫养由基的人精于射箭，能百步穿杨，据说连动物都知晓他的本领。

一次，两个猴子抱着柱子，爬上爬下，玩得很开心。楚王张弓搭箭要去射它们，猴子毫不慌张，还对楚王做鬼脸，仍旧蹦跳自如。这时，养由基走过来，接过了楚王的弓箭。猴子便哭叫着抱在一起，害怕得发起抖来。

有一个人很仰慕养由基的射术，决心要拜养由基为师。经几次三番的请求，养由基终于同意了。收他为徒后，养由基交给他一根很细的针，要他放在离眼睛几尺远的地方，整天盯着看针眼。看了两三天，这个学生有点疑惑，问老师说："我是来学射箭的，老师为什么要我干这莫名其妙的事，什么时候教我学射术呀？"养由基说："这就是在学射术，你继续看吧。"这个学生开始表现还好，能继续看下去，可过了几天，他便有些烦了。他心想：我是来学射术的，看针眼能看出什么来呢？这个老师不会是敷衍我吧？

养由基教他练臂力的办法，让他一天到晚在掌上平端一块石头，伸直手臂。这样做很苦，那个徒弟又想不通了。他想，我只学他的射术，他让我端这石头做什么？于是他很不服气，不愿再练。养由基看他不行，就由他去了。

后来，这个人又跟别的老师学艺，最终也没有学到一门技术，空走了很多地方，浪费了很多时间。

如果这个人不是这么急功近利地想要一步登天，愿意从基础一点一点学起，他应该是可以成功的，但是他没有，他选择了一次又一次的急功近利，所以换了无数个师傅都无所成。

俗话说："欲速则不达。"做人做事还需忍耐。凡是成大事者，都力戒"浮躁"二字。只有踏踏实实地行动才可开创成功的人生局面。浮躁会使你失去清醒的头脑，在你奋斗的过程中，浮躁占据着你的思维，使你不能正确地制定方针、策略而稳步前进。

如果有急功近利的心态，一定目光短浅，只看到眼前的境况，盲从世俗、胸无大志、心胸狭窄，认为吃好穿好玩好便是好。而为了吃好穿好玩好，可以不择手段、不知廉耻，成天绞尽脑汁，时刻伺机取巧，所有的人格、尊严、德行、操守、灵魂，通通抛到九霄云外。整天大汗淋漓，忙忙碌碌，辛辛苦苦，可最后什么也没捞到，什么也没享受。

不讲原则的赶工基本上出来的都是豆腐渣工程，不知一步一个脚印的奋斗必将一事无成。想要成为一个成功人士，就需要一步一个脚印，脚踏实地从最基础的事情做起，为自己的发展打下坚实的基础。就像建造房子一样，只有把基础打扎实了，发展才会迅速，大楼才会盖得既牢固又高大。

这就要求要有耐心，凡事以耐心为第一要义。不管是生活也好，工作也罢，没有耐心就会浮躁，浮躁之人坐立不安，哪还有从容的态度和冷静思考的能力呢？耐得住性子，一步一步完成该做的东西，成功就是一个必然出现的结果。

乔治是美国有名的矿冶工程师，毕业于美国的耶鲁大学，又在德国的佛莱堡大学拿到了硕士学位。可是当乔治带齐了所有的文凭去找美国西部的大矿主弗雷德的时候，却遇到了麻烦。

那位大矿主是个脾气古怪又很固执的人，他自己没有文凭，所以就不相信有文凭的人，更不喜欢那些文质彬彬又专爱讲理论的工程师。当乔治前去应聘递上文凭时，满以为老板会很高兴，没想到弗雷德很不礼貌地对乔治说："我之所以不想用你就是因为你曾经是德国佛莱堡大学的硕士，你的脑子里装满了一大堆没有用的理论，我可不需要什么文绉绉的工程师。"

聪明的乔治听了不但没有生气，反而心平气和地回答说："假如你答应不告诉我父亲的话，我要告诉你一个秘密。"弗雷德表示同意。于是乔治小声对弗雷德说："其实我在德国的佛莱堡并没有学到什么，那三年就好像是稀里糊涂地混过来一样。"想不到弗雷德听了笑嘻嘻地说："好，那明天你就来上班吧。"

就这样，乔治在必要时退让了一把，轻易地在一个非常顽固的人面前通过了面试。

在以后的时间里，他用自己的实力证明了自己的才干，慢慢地一点点向矿主展示了自己的能力，也展示了自己所学理论的用处。矿主这才完全接受了乔治，并且委以重任。

当然，有人对乔治的做法并不赞同，觉得他这是不讲原则，是不正确的做法，但是乔治这么做没有伤害任何一个人的利益还解决了问题。试想想，如果乔治是个没有耐心的人，他在听到矿主的批评时估计早就心高气傲地走掉了，那么这个绝好的机会也与他失之交臂了。如果他在获得工作之后就立马向矿主讲述自己的所学，估计也难逃被辞退的结果，而他聪明地慢慢展示自己的才能，这样才得到了一个非常牢固的认可。

耐心是个容易写却不容易做到的词，能忍是一种修养一种内涵，忍得住才不会暴露自己，才能让你想要做的事情一步一步实现。

勾践在国破家亡的时候，没有立刻调兵遣将追击夫差，也没有一死了之，而是出人意料地归降于吴王。

在吴国的时候，勾践甘愿被囚禁在石屋之中，每天帮吴王牵马，蓬头垢面，尝粪便以分辨疾病，甚至自己夫人都做了别人的奴婢，就这样卑微不堪。三年之后，夫差终于认同了勾践，觉得他再也没有翻身的机会了，不再认为他对自己有着威胁，于是放他回去。

勾践一归国，就开始卧薪尝胆，十年练兵，并且做出附属国的样子，想出几种计策来对付夫差。一是捐货币以悦其君臣(行贿求宠)，二是贵籴粟以虚其积聚(扰乱经济)，三是遣美女以惑其心志(行美人计)，四是遣之巧工良材，使作宫室以罄其财(引导荒淫)，五是遣之谋臣以乱其谋(渗入间谍)，六是离其谏臣使自杀以弱其辅(互相残杀)，七是积财练兵以承其弊(养锐待变)。

通过这一连串的糖衣炮弹麻痹对手，勾践终于在一个成熟的时机扳回了当年的败局，这个时候，勾践才露出自己强势的一面。

这就是勾践卧薪尝胆的故事，这个故事流传千古，成为人们学习的榜样。勾践要是没有这种忍得住的心，只想急功近利地反击，那越国又怎么保得住。

人生没有多次让你去尝试的机会，有些东西一旦错过了就不再有了，要有耐心等待机会，也要有耐心去完成机会带来的事业。

君子爱财，舍之有道

取舍是一把尺子：人为名利而奋斗也不是过错，但是有奋斗的地方就一定会有争斗，在争斗的过程中却因为自己不能够该舍就舍，该放就放，使得贪婪为大，弄得最后是惨不忍睹，其实还是因为自己没有把尺子放正、放平。

没有人不爱财，金钱是个好东西，有了好的物质条件，才能够去实现更伟大的梦想，但是我们却不能因为金钱而侮了自己的尊严，毁了自己的人生。所以做事要光明磊落，务实求新，不管是在怎样的诱惑之下，都要平常对待，舍之有道，取之无悔。

有一个农村来的大学生小刘，才刚刚毕业，但是他诚恳善良，得到老板和上司的好评，很是看重他，并且在多次会议中都对他提出了表扬，他的这些事情却影响了和他一样的职位却一直都是成绩平平的老同志大生。

大生虽然成绩一般却有着不一般的心思与计谋，他对小刘可以说是十分热情，这也使得全公司的人都认为大生不一般，面对这么一个竞争力极强的对手还能像兄弟一样亲热，小刘听到这些也很是感动，他觉得大生太好了，以后就有什么事都跟他一起干，慢慢地也把他拉了起来，教大生很多以前不知道的东西。

老板看着这两个人能够团结进取，取长补短很是欣慰，感觉自己慧眼独具，挑的全是人才，可惜大生却是别有图谋，他可不想这么一颗定时炸弹在自己身旁突然爆炸，就想着法地给他设圈套。

有一次他看到自己的财务表上有一大笔外快可以捞，就偷偷把这些钱转到自己的私人账户里，还给小刘传授取得金钱的快捷与巧门，小刘听到他说这些狠狠地批评了他一顿，大生不相信他这么一个穷酸毕业生会不爱钱，就想方设法地拉他下水，后来小刘也确实碰到一个很大的买卖，只要能够稍微地透露一下他公司的秘密，那么他就能得到一笔可观的收入，而且对他公司也没有多大的影响。

小刘却没有被这些表象所迷惑，他毅然地将这些事情上报了上层领导，最后查出大生的很多私人入账情况，而且还有与竞争对手洽淡沟通的证据。小刘不仅从副手坐到了正位，并且更加努力地为公司效力。

可以说面对金钱所有的人都会心动，自己劳苦一生不就是为了生活，为了能够让以后获得更多的物质保障吗？但是挣钱却不能过贪，面对所有的诱惑要舍之有道，舍那些该舍之财，不要抱着任何的幻想希望天上掉个馅饼，天上真的掉馅饼了也一定有着大灾难落下。

君子好名，取之有度。

对金钱知道舍之有道，对名利也要取之有度。不是一味地把自己炒得人尽皆知才算最好，不管什么时候都要懂得真我人生，无须为了名气改变自己，不能坚持自我的人生即便是活出了别人的赞美，也活不出自己的精彩。

古时候有个很有才气的年轻诗人，刚开始他作诗全是为了自己的爱好，后来得到很多人的赞美，他也开始变得骄傲起来，每一次都会在人多的时候露一手，获得别人的好评才会满意，这样的日子使他养成了贪慕虚荣而又不思进取的懒散之心。

有一天从南方过来一位才子到他邻居家串亲，当他听说这位才子很得当地人的支持，就跑到邻居家非要与人一较高低。那位才子不愿比拼，因为觉得没有必要，可是这位骄傲才子就是不听，说不比就是认输，那位才子坦然一笑，说输了就输了吧，我作诗只是为了开阔自己的视野，陶冶情操而已，根本没有想过跟你比个输赢。

骄傲才子听了非常惭愧，他知道自己已经输了，就跟着这位才子开始勤学苦练，后来终于成了一代名作家。这也使他懂得了，有追求固然是好的，但是如果把这种追求放在别人的追捧中，就成了笑话。

为了名利而追求人生的人是没有任何价值的，只有为了自己想要的梦想而追求的人生才能活出精彩，不是说名声不好，也没有说人不爱名声，但是要在名声前加一个度，要适可而止，想想自己到底是为了获取一个好的名声，还是想完成自己的心愿。

人为财死的太多，面对这种悲剧并不是说没有舍得或者放下，而是没有正确地懂得自己的人生目标，没有给自己一个好的度量，一味地盲目追求才落得了凄惨的下场。如果我们能够坦然面对一切，把尘事间的凡事当作一场儿时游戏，平常心对待，并且从中获得一种满足，一种幸福，这未尝不是一件好事。

取舍有度，简单生活

舍有舍之道，取有取之度，不是说舍完取全，不是说不舍不得，只有放下心来，为着生活而舍，本着善而得，不贪别人之财，不图别人之名，脚踏实地做事，放下过重负担，放下那些无谓的小打小闹，放下那些不值当的争执，得一份平静，得一份坦然，得一份快乐。

幸福与快乐源自内心的简约，简单使人宁静，宁静使人快乐。

人心随着年龄、阅历的增长而越来越复杂，但生活其实十分简单。保持自然的生活方式，不因外在的影响而痛苦抉择，便会懂得生活简单的快乐。

头上是万里无云的朗朗晴空，手中是沁人心脾的冰镇啤酒。停在这片光秃秃的灼热沙漠上的东一辆西一辆的旅宿汽车和拖车的门被吱吱扭扭地推开了，"独身漫游者"俱乐部的一些成员到这漫漫荒原来享受一个下午的快乐时光。

这数十名俱乐部成员全都是头发灰白的老者，而且全都是单身人士。他们聚集在一起开始饮酒、讲故事。这个俱乐部是在西部的高速公路上打发时光的、人数越来越多的退休者大军中的一支队伍，斯拉布城是他们的最新休憩地点。他们在临时搭起的帐篷上空升起美国国旗，国旗在沙漠的疾风中呼啦作响。

埃尔伍德·威尔逊问道："你以为我们会愿意整天闲坐着不动吗？"他喝下一大口米尔沃基啤酒后说："绝非如此。"上年纪了，住进退休者之家，平时日夜守在电视机旁，周日没完没了地招待儿女和孙辈，谁愿意过这样的日子？他们所向往的是没有尽头的公路，尤其是西部那些一流的高速公路。

医学的进步使更多的老年人健康长寿，也由于现在有了像佛罗里达公寓一样舒适的新型车辆，以公路为家变成了一种比较容易适应的生活方式。许多人卖掉房子，把家当存放起来，把终生的储备兑换成金钱，然后告别自己旧有的生活方式，乘坐各式各样的车辆，冬季穿行于西部广袤的沙漠，夏季漫游于太平洋西北沿岸茂密的森林，然后在适当的时候再转动方向盘，开始新的游历。

有些人在公路上生活得太久了，以至于对任何其他生活方式都不能接受。退休护士佩吉·韦布自五年前和她那退役的丈夫卖掉房子起，就一直驾车漫游。一天早上，她一边在画板上练习绘画一边说："我从未想到我会有这样的勇气。但是，我们的孩子都长大成人了。我们住在空空荡荡的房子里，不知该干什么。于是我们便上路了。现在我认为我永远不会再像以前那样生活了。"

也许，这种生活方式该算是彻头彻尾的"简单生活"了。人们几乎都在通过自己独特的途径探索最简单的、最符合心灵需求的新的生活方式，以替代目前日渐奢侈、日渐烦冗的生活。

简单的生活，快乐的源头，为我们省去了汲汲于外物的烦恼，又为我们开阔了解放身心的快乐空间。"简单生活"并不是要你放弃追求，放弃劳作，而是要抓住生活、工作中的本质及重心，以四两拨千斤的方式，去掉世俗浮华的琐务。

简单，每每能找到生活的快乐，平凡是人生的主旋律，简单则是生活的真谛。

人生短暂，岁月匆匆，不是看到什么都要追求不舍，那样不但破坏了自己的生活，也影响了自己的心情，生活就要简简单单，取舍有度，这样才会活得满足，活得快乐。

有一对夫妇想买房子，经过打听他们来到了华中售楼处看房，后来见一个五室两厅的没有考虑就定了下来，但是来到这里的时候才发现，四间房在客厅和餐厅后面，阳台旁边留了一个小小的房间，她没有后悔自己当时的决定，只是对房子做了稍微的改变。

她舍弃了自己的一个小房间保留了四个房间，使得房间够家人休息也足以让孩子有个快乐的家，她的这一舍赢得所有人的舒心，在装修上她又想自己的房间显得淡雅可人一点，冬天能有鲜红的色彩给房间增添一丝暖意，但是她却没有过分地铺张浪费，只是简单地挑了一些灯带和一套布艺沙发。

她的这些挑选独特而且典雅，不仅没有过度铺张，而且衬托出了一种说不出的舒服感，使得一家人回到家中都能洗尽一身的疲惫，快乐地过着这种热爱生活的日子。

这并不是说这对夫妇有着很好的家居设计头脑，而是他们懂得生活，懂得舍得与放下的尺度，因为他们热爱生活，所以就很珍惜生活中的点点滴滴，不是说把屋里填满才算是最美的，空出一点也能给自己一份心静，给家一个幻想。

舍掉一间房子，却能让人住得更为舒服，住得更为亲热，这不单单是一种舍得，也是一种心境，一种热爱生活的心境，一种无欲无求。知足常乐的心境。放下了一种姿态，放下了一种另类的生活，专一地过着简单的生活，简单却不失质朴温暖，生活的快乐本质就在于此。

舍与得

第七章
放下才会有所得

　　学会放下，是生活的智慧，是心灵的学问。人生在世，该放下时就放下，您才能够腾出手来，抓住真正属于您的快乐和幸福。

放下猜忌，赢得友谊

人生在世，不可能不交朋友，也不可能不与外界联系。人与人之间在交往的过程中，免不了出现纠纷。无论是朋友间的误解，还是为了某事某物而破坏了彼此之间的友情，即使是再纯洁的友谊，在猜忌下也会变得黯然失色，因为猜忌就是友谊的毒药。只有放下猜忌，才能赢得长远的友谊。

猜忌是友谊的毒药，它可以让人们失去朋友，变得孤单。没有了信任，只有让人心痛的感觉。如果要想获得真正的友谊，就要放下猜忌。在交朋友时，要诚心相待，友谊才能天长地久。真正的友谊里是没有猜忌的，也没有迟疑的，有的只是为对方着想，用自己的真心来温暖朋友渐冷的心，同时给对方以信念、鼓励和支持。

在生活中，猜忌是亲情、友情、爱情的拦路虎，是工作、事业、人生的绊脚石。如果你喜欢一个人，就要对他多一分宽容，多一分理解，多往好的方向想。

猜忌就是一种存在人与人之间的慢性毒药，它的杀伤力，比任何武器都要厉害。能够产生猜忌不是一时之间就有的而是日积月累的不信任造成的。当猜忌出现时，可千万不要小看它，往往能把人伤得体无完肤。

正是因为猜忌，让人们不敢再相信自己的眼睛。猜忌别人在讲自己坏话或在暗中贬低自己；猜忌配偶与异性交往有不正当男女关系；猜忌配偶私存小金库或有别的隐私；求人家办事又怕人家办不好或不实心实意去办，办完事也无感谢之意；疑人偏要用，用人反生疑等，这一切都是猜疑心理在作怪。让人们不再相信，世上还会有真正的友谊存在。

其实每个人都渴望得到一份真挚的感情。正是由于猜忌，才会有如此多不该有的麻烦。如果要想获得真诚，就必须克服猜疑心理，才能加深与同事和亲朋好友之间的感情，建立起码的相互信任。有时得到一份真情也不是一件很难的事，关键要看自己是怎样想的人。

生活中猜忌的人，总感觉不被别人信任，同时也不能让别人信任。不知有多少婚姻有问题、亲子关系有问题、甚至是办公室关系紧张，不是因为缺少祝福，而是因为有了不信任，彼此猜忌，才让人们的生活无法正常进行下去。无论何时何地，遇到这种情况时，就要人们放下猜忌，而以自己平和宽容的善心对待别人，对待生活。

在人们生活中，每一个人或许都会经历过无数次的猜忌。对于性格开朗的人，猜忌在生活中就好比一个石头扔进水坑里，起初有点涟漪，但很快就会风平浪静！对于性格内向的人，猜忌在生活中就好比打倒了五味瓶，翻江倒海、乱七八糟。

人生最大的不幸莫过于猜忌。因猜忌或许失去亲情，因猜忌或许失去纯真而又珍贵的友谊。同时猜忌也是最折磨人心的，渴望越深，猜忌心也就越重。有时，我们只允许自己思想或行为越轨却不允许爱人这样想，这样做。猜忌让人们变得不再纯真，因猜忌也曾失去了很多。当面临这一切时，人们是否要有所感悟？当霸道思想出现，唯我独尊的自私观念必然使人们的生活处在猜忌的痛苦之中。

生活在猜忌中，就如同生活在一个恐怖的环境中，在大肆破坏着婚姻、爱情、亲情、信任、友谊、平衡、幸福，让人生活在痛苦中，也承受着非人的煎熬。

一个人处在猜忌中，就如同生活在地狱里，没有了明媚的阳光，没有了生活的激情，没有了生命的活力。一切的这种生活皆来自猜忌。可见猜忌对人们生活的毒害是多么的深，为了能够更好地生活，最好的方法就是放下猜忌，重新获得生机！

让他三尺又何妨

人与人之间在交往的过程中，会出现纠纷、摩擦。在邻里之间更是存在一些问题，中国有句格言"远亲不如近邻"，说的就是邻里之间关系的重要性。"邻里好，赛金宝"，邻里之间犹如唇齿相依，容易接触。只有团结互助，相互礼让，才会家家兴旺，事业发达；"邻里吵，不得了"，如果与邻为敌，互不相让，甚至大动干戈，往往会导致两败俱伤。如果处理不好邻里之间的关系，就会直接影响到个人的生活。

"让他三尺又何妨"，说的就是邻里为了争住宅多少而引起的事端。明智的邻里就会选择相互礼让，使事端平息。毕竟有"远亲不如近邻"，只有邻里之间相处好了，才会互帮互助，对彼此的生活都是一件幸事。

作为邻里，难免会产生一些纠纷。但是对于邻里之间出现的纠纷，彼此应该多一些宽容，多一点谦让，以和为贵，化干戈为玉帛。在人们的生活中，常常遇到这样的情况，张家鸡叨了王家麦、李家猪拱了赵家地之类的小事而起纷争，因气使性，动辄争吵、打架斗殴，甚至还闹上公堂，实在是不应该。

有一个关于"让他三尺又何妨"的故事，令人们深思。清朝乾隆年间，正在外地做官的郑板桥忽然收到弟弟郑墨一封来信。原来，在老家务农的弟弟想让他出面到当地县令那里说情，弄得郑板桥很不好意思。但是他又清楚，弟弟不是好惹是非的人，这次明显是受人欺侮，不得已而求之。原来，郑家与邻居的房屋共用一墙。郑家想重修旧屋，邻居出来干预，说那堵墙是他们祖上传下来的，郑家无权拆掉。其实房契上写得清楚，那墙是郑家的，邻居借光盖了房子。这官司打到县里，尚无结果，双方都难免求人说情。郑墨自然想起了做官的哥哥，想到有契约在，再加上哥哥出面说情，这官司胜定了。然而，郑墨没有想到，哥哥回信劝他息事宁人，同时寄了一条幅，上写"吃亏是福"四个大字。另外还附一首打油诗：

> 千里捎书只为墙，让他三尺又何妨。
>
> 万里长城今犹在，不见当年秦始皇。

郑板桥的弟弟郑墨接到信后，感到很是惭愧，当即撤诉，向邻居表示不再相争。邻居也被郑氏兄弟一片赤诚所感动，表示也不愿再闹下去，于是两家重归于好，仍然共用一墙。

这个故事告诫人们，钱财乃身外之物，不值得一争。就像长城那样伟大的工程，让他三尺又怎么样呢？一来既可以显示自己的宽宏大量，又可以获得心灵上的平静和道义上的支持。二来还使得两家重修旧好，共用一墙，实现双赢。这种做法才是事半功倍，两全其美。

"让他一墙"中的"让"不等于无能，也不等于低人一等，而是一种胸怀。邻里间出现矛盾，就应该主动相让。让，体现的是一种宽容的胸怀，大度的风格，高尚的情操。而这正是邻里团结的黏合剂。邻里之争，进一步"狭路相逢"，退一步"海阔天空"。选择哪一种生活方式关键在于自己。

东汉时期，有一个叫罗威的人。有一天，他看见邻居的牛吃掉了他地里大片麦苗。他既不寻机报复，也不说长道短，而是到山上割了一大捆牛草悄悄地放到这位邻居的门前。待邻居开门看到牛草，什么都明白了，感到十分内疚。从此，邻居的牛再也未闯入罗威的庄稼地，两家友好相处。

"让他三尺"中的"让"是一种修养。邻里之间相互谦让，其乐融融。所以，邻居朋友都能够多一些互让互谅，多一些宽容理解，高兴事大家一起分享，遇难时，大家相互安慰，岂不更加安居乐业？

放下，才能解脱

在人生的道路上，没有人不想拥有富与贵，但不以其道得之，我们也许将永远无法拥有。而能够拥有的其中一条捷径，就是学会放下，懂得放弃。即便是一辆汽车，它所能承载的重量也是很有限的。如果一点儿也不肯放弃的话，那么只能是被不堪承受之重压垮，到头来什么也不属于自己！

放下了也就解脱了，自我解脱则是一个人修身养性的至高境界！在我们的现实生活中，放不下的事情多之又多，比如说在领导那里做了错事，说了错话，受到了上级和同事指责，以及好心被人误解受到委屈，这时，心里总是有一个解不开的心结，将之放不下。生活中的很多人想这想那，愁这愁那，心事不断，愁肠百结。这些心理负担有损于健康和寿命，也会使自己未老先衰，由于自己有太多的放不下，最终把自己折腾得疲劳而又苍老。

如果你拿得起的太多，放不下的太多，那么，你会活得很疲惫！

从前，佛祖住世时，有一位名叫法门的人来到佛前，他两手拿了两个玉石，前来献佛。佛祖对法门说："放下！"法门把他左手拿的那个玉石放下。佛祖又说："放下！"

这时，法门又把他右手拿的那个玉石放下。然而，佛祖还是对他说："放下！"这时无奈的法门说："我已经两手空空，没有什么可以再放下了，你要让我放下什么呢？"

佛祖接着说："我并没有叫你放下你的玉石，我要你放下的是你的六根、六尘和六识。当你把这些东西一一放下时，那再没有什么可放下了，你也将从生死桎梏中解脱出来。"法门这时才明白佛祖让他放下的真正道理。

"放下！"虽然说着容易，但是做起来是非常难的，一些人有了功名，就对功名放不下；一些人有了金钱，就对金钱放不下；一些人有了爱情，就对爱情放不下；还有一些人有了事业，就对事业放不下。这些人在肩上的重担，在心上的压力，岂止手上的玉石？这些重担与压力可以是我们的动力，但是在必要的时刻，佛祖言下的"放下"，也不失为一种解脱之道！

常言道："懂得舍得之道，就是懂得了生活之道。"会生活的人，都知道要学会舍得，不能企盼全得。古人有言："将欲取之，必固予之；将欲擒之，必固纵之。"放下不只是放下，它还是一种策略，是为了更好地取得。

生活在这个大千世界里，时时充满着诱惑，每一个心智正常的人，都会有理想、崇敬和追求。否则，他就是一个胸无大志、自甘平庸、无所建树之人。人生是复杂的，但它也是简单的，甚至简单到只有取得和放弃。

因此，只有放下了，也就解脱了，要想驾驭好自己的生命之舟，那么，你就必须学会舍得与放弃！

别太在意得与失

工作和生活中，很多人都会患得患失，本来拥有一些自己并不需要的东西，却又绞尽脑汁想使这些东西不减反增，为这些终日烦恼，长此下去有损身心健康。一般来说，人们总是习惯于得到而害怕失去。尽管"有得必有失"的道理人人皆知，但人们依旧认为得到了可喜可贺，而失去则可惜可叹。每有所失，总要难受一阵，甚至为之痛苦。

每天的同一时间，一辆豪华轿车总会穿过纽约市的中心公园。车里除了司机，还有一位无人不晓的百万富翁。百万富翁注意到：每天上午都有位衣着破烂的人坐在公园的椅子上死死地盯着他住的旅馆。

一天，百万富翁对此产生了极大的兴趣，他要司机停下车并径直走到那人的面前说："请原谅，我真的不明白你为什么每天上午都盯着我住的旅馆看。"

"先生，"这人答道，"我没钱，没家，没住宅，只得睡在这长凳上。不过，每天晚上我都梦到住进了那所旅馆。"

百万富翁听了以后，对他说："今晚你一定能如愿以偿。我将为你在旅馆租一间最好的房间，并付一月房费。"

几天后，百万富翁路过这个人的房间，想打听一下他是否对此感到满意。然而，出人意料的是这人已搬出旅馆，重新回到了公园的凳子上。

当百万富翁问这人为什么要这样做时，他答道："一旦我睡在凳子上，我就梦见我睡在那所豪华的旅馆里，妙不可言；一旦我睡在旅馆里，我就梦见我又回到了冷冰冰的凳子上，这梦真是可怕极了，以至于完全影响了我的睡眠！"

每一种生活都有它的得与失，正如俗话所说："醒着有得有失；睡下有失有得。"所以我们应该正视人生的得失，要知道世间之物本来就是来去无常，所以得到的时候要懂得珍惜，失去的时候也不必无所适从。

月亮即使有缺，也依然皎洁；人生即使有憾，也依然美丽。不能舍弃别人都有的，便得不到别人都没有的。会生活的人失去的多，得到的更多，只要这样一想，你就会有一种释然的感觉。

两个天使，一老一少，外出旅行。这晚，他们来到一个富有的人家借宿。这家人并不友好，并且拒绝他们在舒适的卧房过夜，而是在冰冷的地下室给他们找了一个角落。当他们铺床时，老天使发现墙上有个洞，就顺手把它修补好了。小天使问为什么，老天使答："有些事并不像看上去那样。"

第二晚，两人又到一个非常贫穷的农家借宿。主人夫妇俩对他们非常热情，把仅有的一点儿食物拿出来款待客人，然后又让出自己的床铺给两个天使。第二天一早，两个天使发现农夫和他的妻子在哭泣——他们唯一的生活来源，一只奶牛死了。小天使非常愤怒，他质问老天使为什么会这样，第一个家庭什么都有，老天使还帮他们修补墙洞，第二个家庭尽管如此贫穷，还是热情款待客人，而老天使却没有阻止奶牛的死亡。

"有些事并不像看上去那样，"老天使答道，"当我们在地下室过夜时，我从墙洞看到里面堆满了金块儿。因为主人被贪欲所迷惑，不愿意分享他的财富，所以我把墙洞堵上了。"

"昨天晚上，死亡之神来召唤农夫的妻子，我让奶牛代替了她。所以有些事情并不像它看上去那样。"

这个故事本意是要告诉我们善有善报，恶有恶报，但是故事也从另外一个角度告诉我们得与失的辩证关系。对于农夫和他的妻子来说，虽然他们的奶牛死了，可是同时他们也应该庆幸，自己还健康地活着。很多时候我们得到的同时也就意味着失去，同时在失去的背后实际上得到更多。

不要在意一时的失意

　　人在大的得意中常会遭遇小的失意，后者与前者比起来，可能微不足道，但是人们却往往会怨叹那小小的失，而不去想想既有的得。

　　得到的时候，渴望就不再是渴望了，于是得到了满足，却失去了期盼；失去的时候，拥有就不再是拥有了，于是失去了所有，却得到了怀念。连上帝都会在关了一扇门的同时又打开一扇窗，得与失本身就是无法分离的：得中有失，失中又有得。

　　有一个故事，说有个小伙子，还是穿开裆裤时，也记不得是哪一天，发现门前那堵墙上有一个闪光点，在阳光下熠熠生辉，艳丽无比。从此，朝思暮想，流连仰望。终于有一天，渐渐长高的小伙子决定爬上去看个究竟，百年危墙，高不可攀。近了，近了，最后，那只颤抖的手一把抓住了它。原来是一支破牙刷。他好失望，心情懊丧得很。事物的转换总是这样，小伙子在此之前，拥有一份好心情；一旦得到了那支牙刷，却又失去了昔日的那份好心情。

　　《孔子家语》里记载：有一天楚王出游，遗失了他的弓，下面的人要找，楚王说："不必了，我掉的弓，我的人民会捡到，反正都是楚国人得到，又何必去找呢？"孔子听到这件事，感慨地说："可惜楚王的心还是不够大啊！为什么不讲人掉了弓，自然有人捡得，又何必计较是不是楚国人呢？"

　　"人遗弓，人得之"应该是对得失最豁达的看法了。就常情而言，人们在得到一些利益的时候，大都喜不自胜，得意之色溢于言表；而在失去一些利益的时候，自然会沮丧懊恼，心中愤愤不平，失意之色流露于外。但是对于那些志趣高雅的人来说，他们在生活中能"不以物喜，不以己悲"，并不把个人的得失记在心上。他们面对得失心平气和、冷静以待。

当我们在得与失之间徘徊的时候，只要还有抉择的权利，那么，我们就应当以自己的心灵是否能得到安宁为原则。只要我们能在得失之间做出明智的选择，那么，我们的人生就不会被世俗所淹没。

正确认识得失，得到了也可能失去，无论你得到了什么，都不妨时常这样提醒自己。这样，得到了的时候就会倍加珍惜，失去的时候也不至于无所适从。

不必为"失去"而难过，因为世间之物本来就是来去无常。我们所能做、所应做的只是在"得到"时珍惜它。

不能舍弃别人都有的，便得不到别人都没有的。会生活的人失去的多，得到的更多。有些事情，当我们年轻的时候，无法懂得；当我们懂得的时候，已不再年轻。世上有些东西可以弥补，有些东西永远无法弥补。只要这样一想，你就会有一种释然的感觉。

舍弃怨恨，获一分平静

  人生中的是与非、爱与恨早已经成了定局，随着岁月的流逝也应该学着淡忘，又何必总是留恋过去的破碎而忽略了现在的美好呢？不能舍弃自己内心的怨恨的人是无法拥有更好的生活的，放下心里的怨恨就是对自己的宽容。舍弃怨恨，与快乐结伴，这样才会拥有平静的生活。否则，糟糕的心态同样会影响到身边的人的心情，为人父母也会影响到子女身心的健康成长。

  在我们的周围经常会遇到这样的人，他们会因为一时的不顺而长年生活在自己营造的阴影之中怨天尤人。他们开始形成对社会、对家庭、对同事、对朋友的怨恨，他们说起话来口无遮拦。他们总是恶语伤人，常常在聚会上弄得大家都扫兴而归。人为什么要沉沦于痛苦的回味之中无法释怀呢？这种人其实很傻，因为他们放不下心中的怨恨，便一直活在痛苦之中。何不换一种心情，换一种方式生活？

  人的一生中会遇到许多不如意的事情，每个人都会有相似的经历，只不过是程度不同罢了。关键是看你怎么面对，遇到变故千万不可怨天尤人。自己酿的苦酒要自己去品尝，遇到悲伤也要学会坚强，既然不能改变既定的事实，为何不学着尝试改变一下自己的心态。将那些心里的怨恨都舍弃掉，对自己宽容一些，尽管这需要勇气和理智，但只要做到了就是对自己的解脱。

  一对夫妇在结婚11年后才生了一个男孩，夫妻俩自然视孩子为掌上明珠。对孩子细心照料。孩子长到两岁的时候，有一天，丈夫赶时间去上班。临出门的时候他看到桌子上有一瓶药水开着盖子放在那里。他随口对妻子说要把药瓶收好，之后他就关上门走了。

妻子在厨房忙得团团转，她要为孩子准备吃的，又要打扫房间，没有把丈夫说的话放在心上。她喂过孩子之后，就开始忙着收拾屋子。这时，孩子在屋子里走来走去，他一下子看见桌子上有一个好看的瓶子，他觉得很好奇，并且被药水的颜色吸引。于是就一饮而尽。

药水的成分十分厉害，即使是成人服用也只能用少量，何况是个小孩子。孩子当场不省人事。妻子吓坏了，赶紧送往医院。但是医生诊断后说孩子服药过量，已经无药可救。妻子被事实吓呆了，她不知道该如何面对丈夫，只是坐在孩子的尸体面前一动也不动。

丈夫赶到医院，得知噩耗之后十分伤心，他走到孩子的床前，看着孩子平静的面容，他望了妻子一眼，然后说了一句话："我爱你，老婆。"

妻子听了这句话，猛地惊醒过来，她看着丈夫，然后扑到他怀里号啕大哭。丈夫紧紧抱着妻子，安慰她："一切都会过去的，不要担心。"

因为儿子的死已经成了事实，再吵再骂也不会改变事实。只会让夫妻俩更加伤心，妻子已经足够自责，若是丈夫再责怪的话恐怕妻子会承受不住。况且不止是丈夫失去了儿子，妻子也失去了儿子。若是丈夫放不下心中的怨恨，到头来连妻子也会失去。同一件不幸的事情可以让人怨天尤人，深深自责，但是也可以让事情朝着好的方面改变。如果你能够舍弃心中的怨恨，就可以改变你日后的生活，相比于带着疤痕生活下去，倒不如让自己解脱。

舍弃怨恨，勇敢地活下去。事情的境况并不像想象的那么糟糕，事情是可以由人控制的，关键是你是否愿意让自己得到宽容。就如同丈夫的一句话，是那么简单，但是要经过多少挣扎，多大的包容和舍弃才能够说出那样的话。妻子纵使再绝望也会感到释怀吧，因为被原谅被理解，更因为被宽容。

舍弃怨恨，换一分宽慰

　　在付出与回报的天平上总会出现不尽如人意的误差，于是人们在苦苦追寻之后只能是换来一身的疲惫。挥洒的汗水总是换不来期待中的收获。这一切在人生中总是不可避免的。绝对的公平是不存在的，当生活让你哭笑不得的时候你不应该太过于抱怨，舍弃心里的怨恨才会活得轻松，也才会看淡生活中的不公平。舍弃你内心的怨恨同时也是对自己的宽容，放开了心胸，任何事情都会朝着好的方向发展。

　　每个人都会遇到难以释怀的事情，关键是自己选择了什么样的方式去面对。选择舍弃内心的怨恨，那就选择了解脱。学会舍弃怨恨，也就学会了宽容。宽容就是一剂润滑剂，它可以化解人世间许多不平和磨难，它能缩短人与人之间的距离。不再怨恨的心就能够更好地接纳世界上的一切事情，就能给自己一分宽慰。生活将变得轻松起来，世间也将多了一分美好。

　　也许有的时候，你无法控制自己面对糟糕的事情时的怨恨和愤怒。虽然你无法控制这种事情，但你却可以改变做这些事的心情。做一件事情，你可以高高兴兴、快快乐乐地去做，也可以很痛苦地去做。假如你能够选择快乐，为什么要选择痛苦？要知道：快乐是一种选择，痛苦也是一种选择。舍弃自己心里的怨恨，这也是对自己的宽容。学会舍弃怨恨，你就学会了快乐的生活。

　　一家公司的老板正在因为一个错误而责骂公司经理。因为正在气头上，所以他的话非常难听。经理一整天心情都非常糟糕，他也变得更加易怒起来，本来他想晚上回家给妻子买一个小礼物的，但是他的心情非常差。他回到家里，只是因为妻子今天多做了些菜，他就大声说妻子浪费。这本来是让人高兴的事情，妻子多做些菜是想让他补补身子，但是他竟然是这样的反应。

妻子也十分愤怒，觉得自己一片好心被糟蹋了。刚好看见儿子慢腾腾地走到桌子旁，又慢腾腾地拿起筷子。她就一阵生气，开始对儿子大声训斥，说儿子做起事情来慢腾腾的，没有一点男子汉的气概。儿子也非常生气，没有来由地遭到责骂，弄得他连晚饭也不想吃。好好的一桌子菜竟然没有人吃，整个屋子都笼罩在一片阴郁中。这时，保姆一不小心打碎了一个碟子。儿子看见了，就把怒气都发到保姆身上。

本来保姆平时很喜欢这个孩子，而孩子也一直很尊重保姆。但这样一来，两人陷入僵局。因为看到女主人走了过来，保姆也不好发作。保姆生气地将碟子扔了出去，结果伤了一位正好路过的妇女。妇女哭闹一番之后就赶紧到医院去治疗，她对护士大声呵斥，因为护士上药的时候弄疼了她。

护士也十分生气，她带着怒气回到家里。她开始对自己的母亲抱怨，说饭菜不合胃口。母亲没有生气，只是温和地对她说："孩子，我明天一定做让你合口的饭菜。你累了一天了，赶快吃了饭休息吧。我今天给你买了条新床单换上了。"护士的心里一下子平静了，她不再生气，而且发现饭菜其实很好吃。

"怨恨"终于在母亲这里得到终止。因为没有人肯舍弃自己心中的怨恨，所以所有的人都无法对自己宽容，于是怨恨就像一个恶性循环一样让人无法释怀和解脱。但是只要有一个人选择舍弃这种怨恨，那么一切的不快就会终止。生活中怨恨经常可见，怨恨是最容易传染和循环的，你是选择继续传递还是选择舍弃并用宽容去终结，这就要看你是否学会用理解和关爱去改变怨恨。如果你舍弃了怨恨，那么你将是善心循环的启动者。

舍与得

第八章
退一步海阔天空

"退一步海阔天空，让几分心平气和。"这就是说人与人之间需要宽容。宽容是一种美德，它能使一个人得到尊重。宽容是一种良药，它能挽救一个人的灵魂。宽容就像一盏明灯，能在黑暗中放射万丈光芒，照亮每一个心灵。

退一步是一种气度

喝杯清茶，放松心情，看看大海，放宽心胸，观赏日出，放平心态，退一步忘却烦恼，不是说人生都一帆风顺，不是说生活都幸福美满，月有阴晴圆缺，人有祸兮福缘，不必为了一步而郁郁寡欢，不必为了一步而自寻烦恼。

退一步是一种气度：宠辱不惊，笑看人世浮沉，退让一步，淡然人世变幻，世界因团结而进步，生活因退让而团结，退一步不是软弱无能，而是一种雅量，俗话说得好"量大福大"。

有时候人们遇事难免会发生口角，人一旦有了怨气，做事就会不顾一切，结果却伤了自己也害了别人，所以做人要学会忍让，一个人快乐与否，不在于他拥有什么，而在于他会不会善待自己，与人处世会不会学会隐忍。

古时候有一对邻居，一家姓杨，一家姓张，因为上一辈有点怨，一直到这一代还没有得到解决，张家二老去世的时候，告诉儿子："一定要记着为我们出这口气，不然会死不瞑目。"张家儿子记住了二老的话，时常去杨家找碴儿。

杨家二老没有生气，只是一味地忍让，儿子常看不下去要出去与他争执，二老拉住儿子的手说："争争有用吗，大家都是邻居，这样做不是更伤和气吗？忍一忍吧，忍过去了就好。"杨家儿子是个孝子，所以没有出去与他争执。

张家觉得杨家是怕了他了，就更加猖狂起来，有一次张家的小儿子贪玩，把自己家的鸡子扔进了粪池里，淹死了，不敢回家怕家里人打他，就一直到夜里才回去，第二天张家发现自己家的鸡子丢了一只，很是生气，当场指骂是杨家的人偷的。

杨家的人没有说什么，只是淡笑一声说："姓杨的多了，他不一定是骂我们啊！"

后来张家的人在自己家的粪池里捞出了那只死鸡子，才知道是自己的儿子给弄的，感到十分惭愧，可是他认为杨家欠他们张家，所以还是想着法地整治杨家，后来一到阴雨天气，张家就把自己家的积水往杨家门前排放，杨家人又说："阴雨天很少，晴天还是比较多的，忍一下也就过去了。"

张家才知道自己做了这么多错事，杨家不仅没有抱怨他，还时常见了他就笑着打招呼，有什么好吃的也会来自家叫一叫自己，他感到十分惭愧，后悔听了父母的话，结果弄成这个样子，后来他再也不为难杨家了。

有一年，杨家人外出办点事，几个强盗看见他家没人准备去抢劫，后来张家一起帮杨家看守，使得强盗无功而返，为杨家免去了这场灾祸，两家人也变得亲密了起来。

得理之时要饶人，做大事者不计小怨，做事要适时让人，让出一种气度，一种智慧，一种君子之德。

别人嘲讽时，要退一步，别人指责时，要退一步，退一步海阔天空，退一步是一种涵养，是一种境界，是一种美德。

清康熙年间，有一位十分得人心的朝中重臣张大人，他为人处世十分和善，面对任何人都是一视同仁，对待平民百姓更是关爱有加，深得老百姓的爱戴，有一次他正在习书作画，丫头来报，说邻居叶家砌院墙把自己家的院子给占了。

张大人却十分平淡道："他占我家院子又没有让我吃不成饭，睡不成觉，为着这些争执个啥。"

丫头十分不平，但是老爷都不管了，她一个下人也无话可说，只能干瞪眼看着叶家把墙砌到院中。

叶家看到张大人不仅没有生气，而且还十分大度，就觉得不好意思了，对自己的下人说："张家这么大度，我们又何必为着三尺院墙弄得邻居间不好过，盖个大房檐，让那些没有地方住的人当个休息地吧。"

　　退一步海阔天空，退一步并不是因为自己害怕了更不是因为自己斗不过人家，而是觉得为这些事去争执没有必要，常听人讲，退一步，宽恕别人的罪是一件好事，如果再将别人的错误忘得一干二净，那就更好。

　　是啊，如果一个人总是要心存报复，恐怕恩怨只会越结越深，而自己把宝贵的时间，甚至性命消耗在这无聊的争斗上，放弃了人生的主要目标，那就是人生的可悲。

　　退一步是一种宽容，宽容别人就是善待自己，没有过不去的坎，没有走不完的棋，不是说遇事非得跟人一较高下，不是说做事非得争强好胜，不是说做人非得你死我活，人生如棋，重在过程不在输赢，做人要学会退一步，当海阔天空。

让一步是一种尊重

让一步是一种尊重，尊重别人就是尊重自己，不管什么时候，在什么场合都应当尊重别人，别让红尘迷惑，别为虚浮名利沉沦，什么时候都要记得让他人一步，尊重他人意见，那么我们的日子就会过得特别快乐，我们的生活就会十分美好。

比亚从英国留学回来，她决定为中国的发展做出自己的贡献，可是她在面试的时候却十分不顺，因为她有着丑陋的面貌，所有的人都嫌弃她，但是她每一次在别人拒绝她的时候，都保持着一颗乐观之心，她没有生气，而是很礼貌地对别人说了一声："谢谢，你们虽然没有聘用我，却给我面试的机会，我为此谢谢。"

有一天，她的简历得到了中国最有名气的电子公司的青睐，要求她过来面试，她非常激动，同时也很害怕，她怕自己的形象不能得到认可，当她在屋里对着镜子发愁的时候，她的阿姆来到身边，对她说："孩子，保持笑容，只要你的心是美丽的，别人就会尊重你。"

比亚听了阿姆的话，放下了那一份自卑，重新拿起自己的论文与简历走上了面试的大道，在公司大院里，一个老人拦住了她，那位老人是个剪花工，身上被泥水溅得脏了一半，可是老人却有着一双和善的眼睛，他看着比亚，请求比亚的帮忙，比亚从这位和善的老人身上看到一种尊重与美丽。

比亚看了看表笑着说："时间还早，老大爷你要我帮你什么？剪花还是浇水？"

大爷笑着说："我在这里拦了很多人了，可是没有一个停下来，反而都露出一种鄙视的眼神，只有你停了下来，还笑得这么美丽，我相信你今天一定会得到赐福，获得你想要的东西。"

比亚笑得更甜了，大声说着："大爷，借你吉言，如果我顺利通过了，我请你吃饭。"

比亚按照大爷的要求认真地完成了大爷交代的任务，然后微笑着离开，从容地走向了面试大厅，大厅里坐满了人，看着那些穿得花枝招展的女孩，只有比亚最为朴实，但是她的笑容却最为灿烂，到了最后，大厅里走出了一位神采飞扬的老人。

他对着话筒告诉大家："考试已经结束，我的人选是比亚小姐，她将作为我的下一任助理，帮我完成事业。"原来这位老人就是刚才浇花的那位大爷。

比亚用自己的乐观表达了自己对生命的热爱，她在失败面前不气馁，在别人的拒绝中不生气，而是退一步赢得了别人的尊重，她用自己的热情与大度赢得了老人的青睐，虽然没有华丽的外表，但是她却有一颗真诚善良之心。

比亚宽容了那些不愉快的事情，退一步把自己的难过忘得一干二净，同时她尊重别人对她的友善，在别人的尊重中赢得了自己的事业。

成大事者必能忍

中国有句老话："人在屋檐下，岂能不低头。"这句话如果我们从其有益的一面理解，正好说明了"忍"在客观现实于我们不利时的积极作用。这时的"忍"不是怯懦，而是胸襟大度的表现；这时的妥协也不是失败，而是成功的积蓄。从这个角度来讲，顽强执着是一种人生智慧，而忍让妥协则是另外一种智慧。

大家都知道，两点之间线段最短，但是，当我们站在人生的起点想要达到目的时，我们要走的路可能大多数时候不会是直线。所以，尽管我们心里会充满着对成功的渴望，但我们也只能迂回前进，忍耐急于求成的急切心理，否则就很可能遭受失败。

汉代韩信"胯下受辱"的忍让故事众人皆知。韩信出身贫寒，曾经饥一顿饱一顿地在淮阴街头踟蹰，如同乞丐。有一天，韩信走到一座小桥上，迎面来了一个无赖，堵住了他的去路，并羞辱他说："韩信，你整天带着刀剑，其实你是个胆小鬼。"韩信没有理会他，想从桥的右边走过去，但无赖挡住了右边；他要从左边走过去，无赖又挡住了左边。这时，围观的人越来越多，无赖更神气了，他说："你若是有种就拿起刀，往我的身上捅一刀，没有这个胆量，你就从我的裤裆下面爬过去算了。"没想到，韩信真的从他的裤裆下面爬了过去。虽然当时在场的人都笑他无能，但智者能忍天下难忍之事，只要你学会忍让，即使再高明的激将法，在你的面前都会失去它的效力。后来，韩信果然辅佐刘邦立下了汗马功劳，成为历史上有名的军事家。

清朝康熙年间，当朝宰相张英的"忍"历来也为人所称道。一日，张英接到远在安徽桐城的一封家书，信上写着：邻居修缮老屋，占用了张英家的地皮。为此，张母修书要张英出面干预。张英看罢来信，立即提笔写诗劝导老夫人："千里家书只为墙，让出三尺又何妨？万里长城今犹在，不见当年秦始皇。"张母见诗明理，立即将好端端的院墙拆除并退后三尺。邻居见此情景，深感惭愧，也马上把墙退后三尺。这样，在两家的院墙之间，就形成了六尺宽的巷道，从此便有了千古流传的"六尺巷"。事情就是这样：争一争，行不通；让一让，六尺巷。

到了近代，香港影视界巨子、邵氏兄弟电影公司的创办人邵逸夫的"忍"更是堪称后人学习的典范。有一次，在邵氏公司举办的一个盛大的酒会上，文化界、工商界的名流们以及走红的影视明星们齐聚一堂，邵氏公司的当家花旦、电影红星林黛及其母亲也应邀出席了酒会。

席间，大家都开怀畅饮，相互敬酒，气氛很是热闹。邵逸夫自忖不胜酒力，凡是遇到有人向他敬酒，他都会礼貌地回绝。这时，林黛的母亲也举起酒杯向邵逸夫敬酒，可能是邵逸夫精神不集中没有注意到她，所以没有"接招"。林母面带怒气又带醉意，踉踉跄跄地走到邵逸夫跟前，猛地将杯里的酒全泼到邵逸夫——这位炙手可热的大老板的脸上。

顿时，全场变得死一般沉寂，林黛则大惊失色，忙起身向邵逸夫赔罪。

在众目睽睽之下，邵逸夫尊容受辱，难免恼羞成怒，真想当众将林母逐出酒会。但他并没有发作，只是"嘿嘿"一笑，然后又边拍西装上的酒水边若无其事地说："老太太是喝醉了，大家千万别见怪，请继续喝酒吧！"

邵逸夫一句轻描淡写的话不仅给公司明星林黛及其母亲当众留了面子，又对这一突发事件打了个很好的圆场，同时也不至于使自己精心操办的酒会不欢而散，真可谓是一箭三雕，一石三鸟！

　　这件事以后，林黛深深感念邵逸夫对自己的厚爱，自觉欠下笔难以还清的人情账，为邵氏公司忠心耿耿效力到死。她还曾这样对人说："邵老板这样做，对我来说是一份永远也还不清的人情账呀！从此以后，只要邵老板在世，我是永远也不能离开他的邵氏公司的！我要用自己的演技来报答他。"

　　有时学会深藏你的拿手绝技，你才可永为人师。因此你展示妙术时，必须讲究策略，不可把看家本领通盘托出，这样你才可长享盛名，使别人永远唯你马首是瞻。在指导或帮助那些有求于你的人时，你应激发他们对你的崇拜心理，要点点滴滴都展示你的能力。含蓄节制乃生存与制胜的法宝，学会忍耐是走向成功的一大方法，在重要事情上尤其如此。

能忍者，方为人上人

中国有句老话："能忍者，方为人上人。"坚忍是人们战胜困难、奋起前行、走向成功彼岸的强有力保证。古往今来，凡能成大事者，无不是能忍常人之不能忍，能吃常人不能吃之苦的坚忍之士。

在春秋战国时期，作为战国四君子之一的孟尝君，担任过齐国宰相，声望极高。他养了许多门客，有一位门客与孟尝君的妾私通。于是有人将此事报告给孟尝君说："他身为主人的门客，不但不知恩图报，而且还暗中和主人的妾私通，应当将他处死。"孟尝君听后淡然地说："喜爱美女是人之常情，以后不必再提了。"

一年后，孟尝君召来那位门客，对他说："你在我门下已经有一段时间了，到现在还没有适合的职位给你，心里很不安。现在卫王和我私交很好，不如你到卫国去做官吧，我替你准备上路的车马银两。"

这位门客果然受到了卫王的赏识和重用。后来齐国和卫国关系紧张，卫王想联合各国攻打齐国，此人则劝谏卫王说："臣之所以能到卫国来，全赖孟尝君不计臣的无能，将臣推荐给大王。臣听说齐卫两国早已在先王的时候，就订下和约，双方永不相互攻伐。而陛下却想联合其他国家来攻打齐国，这不但背弃了盟约，还辜负了孟尝君的友情。请陛下打消攻打齐国的念头吧。不然，臣愿死在大王面前。"

卫王听后很佩服他的仁义，便顺了他的意，打消了攻打齐国的念头。齐国的人听后赞颂道："孟尝君可谓善为事矣，转祸为安。"孟尝君实在是善治政事，竟然使齐国转危为安。

俗话说："君子受人滴水之恩，当涌泉相报。"正是因为孟尝君平日的宽容大度，没有计较生活小事而获得食客的忠心，从而使齐国转危为安。而孟尝君的宽阔胸襟凭借什么？就是凭借了一个"忍"字。

《菜根谭》中说："语云：登山耐侧路，踏雪耐危桥，一耐字极有意味。如倾险之人情，坎坷之世道，若不得一耐字撑过去，几何不堕入榛莽坑堑哉。"它告诉我们，不仅登山踏雪需要这个忍耐的"耐"字，当我们接触复杂的人情社会时，如果没有这个"耐"字，也很容易遭到丧身之险。"耐"字，其实质就是"忍耐"，就是"忍"。

俗语说："三十年河东，三十年河西。"也就是相信目前虽然处于不幸的环境中，但是终究会有峰回路转的一天，以此来不断地提醒自己忍受现在的痛苦，等候时来运转。这种对前途抱乐观、希望的态度使得忍耐有了价值。所以忍耐是有目的的，等待着"柳暗花明"的这一天，否则毫无意义可言了。

自古人生多劫难，谁都会有不顺心的时候，都有遇到逆境的时候，其实这是促使自己身心成熟、准备宏图大展的机会。韩信忍受了"胯下之辱"，而后被刘邦封为大将。司马迁同样在遭受酷刑后，以极大的忍耐力，顽强地抵抗不幸的痛苦，终于完成了旷世巨著《史记》。

那些处于人生逆境中的人们，最大的败笔是惊慌失措、毫无主意和丧失信心。如果你陷入了其中的一项，你不仅不会脱离逆境，反而你的劣势还会扩大，甚至使你永不翻身。身陷困境最好要平静而耐心地等待时机。

"伏久者飞必高，开先者谢独早，知此，可以免蹭蹬之忧，可以消躁急之念。"就是说长期潜伏在林中的鸟儿，一旦有机会展翅高飞，必然一飞冲天；那些迫不及待而开放的花朵，必会早早凋谢。如果能了解这个道理，就会明白做事焦躁是无用的，只要能储备精力，重展身手的机会一定会来临。因此，身处逆境之中的人能够忍耐持久才是最重要的。只有抱着这种信念，最终才会领略到人生的辉煌。

困难只是暂时的

忍耐是人的一种意志，是人的一种品质，忍耐反映出来的是人的修养。一个有修养的人，必定具备忍耐的意志和品质。在通常情况下，人们认为好汉不吃眼前亏。真正的好汉关注的是长远的根本利益，而不会执着于眼前的祸福吉凶。

有一句话说："吃得苦中苦，方为人上人。"忍耐也是一种苦，这种苦有时候是身体上遭遇的困苦，有时候是感情上被人伤害的屈辱。比起身体遭受的困苦来说，精神的折磨要苦得多，因为它考验着一个人的意志力和承受力。

战国时，有一位名叫苏秦的人，自幼家境贫寒，温饱难继。为了维持生计，他不得不时常变卖自己的头发和给别人做短工。但苏秦却怀有一番大志，他曾离乡背井到齐国拜鬼谷子为师，学习游说术。一段时间之后，苏秦看到自己的同窗庞涓、孙膑等都相继下山求取功名，于是也告别老师下山，游历天下，以谋取功名利禄。

苏秦在列国游历了好几年，但却一事无成，连盘缠也用完了。无奈之下，他只好穿着破衣草鞋，挑副破担子，垂头丧气地踏上了回家之路。

等苏秦回到家时，已是骨瘦如柴，全身破烂不堪，满脸尘土，狼狈得如同一个乞丐。苏秦的父母见他这个样子，摇头叹息；妻子坐在织机旁织布，连看都不看他一眼；哥哥、妹妹不但不理他，还暗自讥笑他不务正业，只知道搬弄口舌；苏秦求嫂子给他做饭吃，嫂子竟不理睬，扭身走开了。

亲人的冷眼相待让苏秦无地自容，但他一直想游说天下，谋取功名，于是便苦苦请求母亲变卖家产，然后再去周游列国。

母亲狠狠地骂了他一顿："你不像咱当地人种庄稼去养家糊口，怎么竟想出去耍嘴皮子求富贵呢？那不是把实实在在的工作扔掉，去追求根本没有希望的东西吗？如果到头来你生计没有着落，不后悔吗？"哥哥、嫂嫂更是嘲笑他"死心不改"。

这番话令苏秦既惭愧，又伤心，不觉泪如雨下："妻子不理丈夫，嫂子不认小叔子，父母不认儿子，都是因为我不争气、学业未成而急于求成啊！"

苏秦认识到了自己的不足后，扬名天下的雄心壮志仍然不改。于是，他便开始闭门不出，昼夜伏案发愤读书，钻研兵法。有时候，苏秦读书读到半夜，又累又困，不知不觉伏在书案上就睡着了。等醒来时，他都会懊悔不已，痛骂自己无用。可又没什么办法不让自己睡着，有一天深夜，苏秦读着读着实在倦困难耐，又不由自主地扑倒在书案上，但他的手臂却被什么东西刺了一下，于是便猛然惊醒了。苏秦抬眼一看，是书案上放着一把锥子。由此，他想出了一个不让自己打瞌睡的办法，那就是后来人们说的"锥刺股"：每当要打瞌睡时，就用锥子扎自己的大腿一下，让自己猛然"痛醒"，保持苦读状态。他的大腿因此常常是鲜血淋淋，目不忍睹。

家人见状，心有不忍，劝他说："你一定要成功的决心和心情可以理解，但不一定非要这样自虐啊！"

苏秦回答说："不这样，我会忘记过去的耻辱。唯如此，才能催我苦读！"他还经常自勉说："读书人已经决定走读书求取功名这条路，如果不能凭所学知识获取高贵荣耀的地位，读得再多又有什么用呢！"想到这些，苏秦更加忘我地学习起来。

后来，苏秦又想出了另外一个防止打瞌睡的办法，晚上读书时，把头发用绳子扎起来，悬在房梁上，一打瞌睡，头向下栽，揪得头皮疼，他就清醒过来了。这就是成语"头悬梁，锥刺股"的由来。

经过一年多夜以继日、废寝忘食的"痛"读，苏秦的学问有了很大长进，他信心满满地说："这下我可以说服许多国君了！"

后来，苏秦到各国去游说，用自己的学问说服了当时齐、魏、燕、赵、韩、楚六国的君王采纳他的意见，联合起来，共同对付强大的秦国。苏秦则独掌六国相印，可谓辉煌一时。

这个消息很快便传到了苏秦的家乡，他的父母兄嫂都后悔以前对苏秦的态度不好。听说苏秦要去赵国途经洛阳，全家人特地赶到洛阳城外30里的地方，把路扫得干干净净，准备了丰盛的酒宴，跪着迎接他。

"忍人所不能忍，方能为人所不能为。"懂得吃"眼前亏"，是为了不吃更大的亏，是为了获得更长远的利益和更高的目标。

王江民是KV杀毒软件的发明者，他40多岁到中关村创业，靠卖杀毒软件几乎一夜间就变成了百万富翁，几年后又变成了亿万富翁，他曾被称为中关村百万富翁第一人。王江民的成功看起来很容易，不费吹灰之力。其实不然，他经历了很多困难，还曾被人骗走500万元。

王江民3岁的时候患过小儿麻痹症，落下终身残疾。他从来没有进过正规大学的校门，20多岁还在一个街道小厂当技术员，38岁之前不知道电脑为何物。王江民的成功，在于他对痛苦的忍受力。从上中学起，他就开始有意识地磨炼意志，比如爬山，五百米高的山很快就爬上去了；下海游泳，从不会游泳喝海水，到会游泳，再到很冷的天也要下水游泳，以此锻炼自己在冰冷的海水里的忍受力。他40多岁辞职来到中关村，面对欺骗，面对商业对手不择手段的打压，他都能够毫不动摇。

中关村还有一个人就是华旗资讯的老总冯军，他是清华大学的高材生，读大学时就在北京有名的秀水街当翻译赚外快。毕业后他找到了一份好工作，有机会出国，他却因为不愿意受管束而拒绝了。

一次，他用三轮车载四箱键盘和机箱去电子市场，但他一次只能搬两箱，他将两箱搬到他能看到的地方，折回头再搬另外两箱。就这样，他将四箱货从一楼搬到二楼，再从二楼搬到三楼，如此往复。这样的生活，有时会让人累得瘫在地上坐不起来，但更需要承受的是心理上的落差。一个清华大学的高材生，要成天做这样的事情，并不是一件容易的事。

冯军发达起来后，又遇到了新的难题，就是与朗科的优盘专利权的纷争。邓国顺的朗科拥有优盘的专利，冯军的华旗却想来分一杯羹，邓国顺不答应，两家就起了纷争。冯军息事宁人想和解，天天给邓国顺打电话，但是邓国顺一听是冯军的声音就撂电话，逼得冯军不得不换着号码给他打。华旗在中关村虽然比不上联想、方正大名鼎鼎，可也不是籍籍无名之辈，作为一个老板能这样低声下气地求人，都是为了公司的生意，这就是创业者需要忍受的另一种精神折磨。

波斯的著名诗人萨迪说过："忍耐虽然痛苦，果实却最香甜。"所以，当我们身处逆境的时候，需要坚忍，才能磨炼意志；当我们遭遇失败时，需要坚忍，才能积蓄能量；当我们山穷水尽的时候，更需要坚忍，才能守得云开见月明。

做胸怀博大之人

有句话说：化干戈为玉帛者是机智坦荡之人，化仇恨为友情者是胸怀博大之人。忍一时风平浪静，平息一点点怨恨，都会使人终身受益。

我们只要生存在社会，就得要与各种各样的人打交道，这就免不了面临着有与别人发生矛盾与冲突的可能。有的人能与交往的人平和地相处，有的人却与周围的人为鸡毛蒜皮的事而纷争不断，其间的界限从心理上说就是能忍与不能忍。

许多时候别人的某一句话、某一个动作、某一个眼神或某一件小事，都有可能成为你斗气的导火索。面对这些，有时你会假想别人是对你不尊重，假想别人是对你不利，假想别人是在攻击你。因此，你不要总是一本正经地对待小摩擦，不要一味地自以为是，这会使你费神劳心，结果是自己跟自己过不去而斗气。假如你遇见一蛮汉、粗人迷信以拳头定输赢，动不动就跟人家比力气，甚至会打得你头破血流。所以在生活中，无论你有多么委屈，你都不要争一时之快，记住小忍人自安。

《三言二拍》里有这样一个故事：说一老翁开了家当铺，有一年年底，来了一人空着手要赎回当在这里的衣物，负责的管事不同意，那人便破口大骂，可这个老翁慢慢地说道："你不过是为了过年发愁，何必为这种小事争执呢？"随即命人将那人先前当的衣物找出了四五件，指着棉衣说："这个你可以用来御寒用，不能少。"又指着一衣袍说："这是给你拜年用的，其他没用的暂时就放在这里吧。"

那人拿上东西默默地回去了。当天夜里，那人居然死在别家的当铺里，而且他的家人同那家人打了很多年官司，致使那家当铺家资花费殆尽。

原来，这人因为在外面欠了很多钱，他事先服了毒，本来想去敲诈这个老翁，但因为这个老翁的忍辱宽恕而没有得逞，于是便祸害了另一家人。有人将事情真相告诉了这个老翁，老翁说："凡是这种无理取闹的必然有所依仗，如果在小事上不能忍，那就会招来大祸。"

要学会不在意，别总拿什么都当回事，别去钻牛角尖，别太要面子，别事事较真，别把鸡毛蒜皮的小事放在心上，别过于看重名利得失，别为一点小事而着急上火……动不动就大喊大叫，往往会因小失大，做人就要有"忍"的功夫。

人们总爱把大哲学家苏格拉底的妻子作为悍妇、坏老婆的代名词。据说，苏格拉底的妻子是个心胸狭窄、冥顽不灵的妇人。她经常唠叨不休，动辄破口大骂，常常使大哲学家窘困不堪。有一次，别人问苏格拉底："你为什么要这么个夫人？"他回头说："擅长马术的人总要挑烈马骑，骑惯了烈马，驾驭其他的马就不在话下。我如果还能受得了这样的女人的话，恐怕天下就再也没有难以相处的人了。"

所以说，与难说话的人交往，从另一个角度说对自己也是一种历练。每一个人总会有这样或那样的缺陷，如果不知容忍，你就没办法与人相处。就是在街上也会无意中碰到鸡毛蒜皮的事，人与人之间的矛盾、摩擦在所难免，你是咄咄逼人地斗气呢，还是息事宁人？退一步海阔天空更自在，进一步龙虎相斗两伤害。遇事彼此相让，矛盾就会消除在挥手之间。可现实中却有一些人好争一时之气，为本不足挂齿的小摩擦斗气，吵得不可开交，甚至刀棒相加，不惜轻掷血肉之躯，去换取所谓的"自尊"，这是多么可悲可叹啊！

隋炀帝十分残暴，全国各地起义风起云涌，许多官员也纷纷叛变，转向投靠义军，因此，隋炀帝对朝中大臣易起疑心。

唐国公李渊悉心结纳当地的英雄豪杰，多方树立恩德，因而声望很高，许多人都来归附。同时，大家都替他担心，怕他遭到隋炀帝的猜忌。正在这时，隋炀帝下诏让李渊到他的行宫晋见。李渊称病未能前往，隋炀帝很不高兴，多少产生了猜疑之心。当时，李渊的外甥女王氏是隋炀帝的妃子，隋炀帝向她问起李渊未来朝见的原因，王氏回答说是因为病了，隋炀帝不满地问道："那他就会死吗?"

王氏把这消息传给了李渊，李渊并没有与隋炀帝斗气，他以忍为上，从此做事更加谨慎起来，因为他知道自己迟早会为隋炀帝所不容，但过早起事又力量不足，只好隐忍等待。于是，他故意败坏自己的名声，整天沉湎于声色犬马之中，而且大肆张扬。隋炀帝听到这些，果然放松了对他的警惕。这样，才有后来的太原起兵和大唐帝国的建立。

的确，生活中有时会遇到意外情况，这往往使你陷入尴尬的局面，这时，如能采取某些妥善措施，让对方面子上好看些，那是再好不过的事，这会使对方永远感激你。千万别为了一场小争执、一次小摩擦而斗气，毁了他人也毁了自己，那是毫无价值的。斗气通常是发生在一时之间，是人的不满情绪的流露，忍一忍就会心平气和。

工作中，我们会遇到不快：被上司责备，就觉得心里不舒服；自己的工资比别人的低，觉得不公平；同事之间相处不好，觉得被排挤；每天加班无止境，觉得太委屈……不快乐的理由太多太多，我们要学会对其一笑了之，不要每天抱怨连天，要是斗气的心理在作怪的话，你就不会快乐，更会使你走向极端。俗话说：忍得一时之气，能解日后之忧。人们只要以律人之心律己，恕己之心恕人，保持宽容心态，就能做个心宽体胖、事事顺畅的人。

每个人都希望自己的每一天能过得开心，可是既然是生活，就总会有一些小波澜的扬起、小浪花的飞溅。在这种情况下，斤斤计较会让自己的日子过得阴暗、乏味，使自己的生活滑向苦闷的深渊。只有豁达的胸襟才能让每天的生活充满灿烂的阳光。

忍让是一种智慧

有人的地方，就会有矛盾。人与人之间应相互尊重，相互谅解，同时，更应相互忍耐，平时不要因鸡毛蒜皮的小事而斤斤计较，常记得"忍一时之气，免百日之忧"和"退一步，海阔天空"的警句。忍耐告诉我们，不要因小失大，一个人在流言蜚语面前，在受到不公平待遇的时候，尤其是在身处逆境的时候，更要学会忍耐，要相信乌云遮不住太阳，是金子放在任何地方都会发光。有忍耐力才会把人与人之间的关系处理得更融洽。

生活需要弹性，而我们也要学会有退有进。退，不是放弃，而是韬光养晦；退，不是懦弱，而是勇者的一种智慧，忍一时风平浪静，退一步海阔天空，退是"退避三舍"避其精锐，然后直捣黄龙。

古来的圣贤，从官场之中退居后方，是为了再待时机。有些能人异士隐居山林，是为了等待圣明仁君。春秋时期，楚王的三子季札，因为贤能，父王要传位给他，而他却谦让说有长兄，应该由长兄继位。长兄去世后，国中大臣再次推举他为王，他说还有次兄；次兄去世后，全国人民一致推举他，希望他能够即位领导全国。可是他还是退让由长兄继位，自此也为他留下贤能之名。

可见退让不是没有未来，而往往是在另一方面更有所得。

一位留美计算机博士学成后在美国找工作。有个博士头衔，求职的标准自然不低。结果，他连连碰壁，好多家公司都没有录用他。想来想去，他决定收起所有的学位证明，以一种"最低身份"求职。

不久，他被一家公司录用为程序输入员。这对他来说简直是轻而易举，但他仍然干得认认真真，一点儿都不马虎。不久，老板发现他能看出程序中的错误，不是一般程序输入员可比的。这时他才亮出了学士证书，老板给他换了个与大学毕业生相称的工作。

过了一段时间，老板发现他时常提出一些独到的很有价值的建议，远比一般大学生要强，这时他拿出了博士证书。老板对他的水平已有了全面的认识，毫不犹豫地重用了他。

不论是谁，人生中总难免身陷逆境，当你一时无力扭转面临的颓势时，那么最好的选择就是暂且忍耐。事物总是在不断地变化的，在忍耐中等待命运转折的时机，不能忍耐的结果，往往是必须接受更长久的忍耐。

即使面对别人的侮辱和伤害时也需要忍耐，而不必急急忙忙以一种对抗的方式来证明自己并非软弱可欺。

能够吃苦耐劳、忍饥挨饿，能够在恶劣的环境下求生存，才能战胜困难，壮大自己。忍耐不是弱者的音符，它是强者的形象，是一个人对理想、目标追求的具体表现。只有耐得住寂寞，才能够抵抗各种诱惑，对理想信念永远不动摇，才能品味成功，品味"不经一番彻骨寒，怎得梅花扑鼻香"的滋味。

一般人对自己不满意时总认为自己情绪不够稳定，而且没有办法自我控制。有的人以为忍耐是不暴躁、不发怒，而且要常常面带笑容，但内心却相当痛苦、忧伤，常弄得自己有点麻木。其实这不是忍耐，而是压抑，是逃避现实的表现。这样压抑下去，就会产生心理上的病态。一旦压制不住时，便会产生暴怒，大发脾气，或最终产生自暴自弃的心理，甚至导致身体出现各种疾病。这样的忍耐其实只是一种忍气吞声，把所忍的东西硬压下去。就如同把气体不断压入瓶子里，最终瓶子会爆炸或者会穿洞而漏气一样。这样的忍耐，是起不到什么作用的。没有正确地认识到忍耐的真正含义，就会被动地屈服，这样的行为我们是不提倡的。

忍耐不是单纯的品格个性，忍耐也包括一种智慧。学会忍耐，就是学会不做蠢事，就是学会不做那些一时痛快、后来又终身懊悔不已的事。忍耐不是逃避的托词，忍耐是意志的升华和为了使追求成为永恒。两者的区别是：忍耐在心灵上是从容的，逃避在心灵上是仓皇的；忍耐从不忘记责任和使命，逃避早已不知责任和使命为何物。善于利用忍耐有助事态向好的一面发展，反之就会恶化。"逆来顺受""胆小怕事"的忍耐是愚蠢的，而韩信忍受"胯下之辱"之举无疑是智慧的。

学会克制自己

　　每个人都会有控制情绪失灵的时候，每个人都会冲动。如果你不培养心平气和的性情、清醒的理智，培养交往中必需的沉着冷静，一旦触到导火索，就会暴跳如雷，情绪失控，从而把自己的大好前途毁掉，最后只会使自己陷入自毁的囹圄。

　　每个人都有着自己的情绪，都有着自己的脾气，即使是一个愚人傻瓜也有自己的脾气。如果你一遇事情就很长时间不能平静下来，这对你的身体或者精神绝不会有好处。被气死的人屡见不鲜，像周瑜等。

　　人们必须为自己的行为负责。在漫长的人生旅途中，我们必须面对各种困难而从事具有挑战性的工作。自我满足感，是在不断地努力中获得的。人生的真正报酬取决于贡献的质与量。无论长期或短期，我们都会因自己所播的种子而得到收成。

　　当一个愤怒的人开始辱骂及嘲笑你时，不管是不是公正，你必须记住，如果你也以相同的态度报复，那么你的心理随程度将拉到与那个人相同，因此，那个人实际上已经控制了你。

　　其实，如果你拒绝生气，维持你对自己的控制，保持冷静与沉着，那么，你等于已维持了你所有的正常情绪，因而可经由它们获得理智，你会让对方大吃一惊。你所用来报复的武器是他所不熟悉的，因此，你很容易地就能控制他。

　　约翰·洛克菲勒常常遭人辱骂，而这些辱骂洛克菲勒的人，大部分都纯粹出于嫉妒，因为他们渴望拥有洛克菲勒的财富，但却忘记了他之所以能爬到巨富地位，完全是因为他有能力指挥智力与能力比他差的其他人。洛克菲勒先生在尚未成功之前也常常要买25美分一加仑的煤油，而且必须扛着大铁桶在大太阳底下步行回家。现在，洛克菲勒的车子却可以把煤油送到世界上任何一家的后门口，不管是在城内，还是在城外的农场。

洛克菲勒懂得自制，不会用浅薄的报复来对待别人。许许多多成功的企业家心中装着的是大大的世界而不是狭隘的个人荣辱。

愤怒是一种很伤自己身体的负面情绪，它来自外在的刺激和自我认知之间的矛盾，它将伴随我们一生。这个矛盾滋生的恶果会使人际关系变得紧张起来，或许别人不经心的一句话，就导致自己久久不快乐，甚至会发生像失眠和胃溃疡这样的疾病。

俗话说："壶小易热，量小易怒。"动辄发脾气、动肝火是胸襟狭窄、气量太小的表现。这往往是不明智的表现。

有一个十分任性和性格暴躁的孩子，他因说话粗野，遭人厌恶，身边没有了朋友和好伙伴，他常常为此而感到苦恼。这时，他的父亲告诉他："当你发脾气将要克制不住自己时，就在门前的那棵树上钉一枚钉子。"

那个小男孩照着父亲的话认真地去做了。时间一长，他发现，如果克服自己的愤怒情绪，会为自己带来很多意想不到的好处，能遇事不慌，能控制局面，渐渐学会控制自己的不好情绪。开始的时候，钉子很多，后来，钉子越来越少了，因为他已经学会克制自己。

有一天，他兴奋地问父亲："我已经有好长时间不钉钉子了，我知道了如何克制自己。对于那些不讲道理的人也有办法应对了，和别人的关系越来越融洽。"

父亲说："你学会了以平和的心态去对待别人，这正是我想要得到的结果。以后，每当你解决了和别人的矛盾时，就从树上拔掉一枚钉子。"

从此，当这个孩子想要发泄一通自己坏脾气的时候，就想想父亲说的话，努力克制着自己，调整好心态后，就从树上拔掉一枚钉子，渐渐地，树上的钉子慢慢地被拔光了，他完全掌握了面对自己周围的人和物的正确方法。

他高高兴兴地向父亲汇报，父亲很平静地带他来到了树旁，指着那些密密麻麻的钉子眼说："孩子，每当你脾气暴躁伤害了别人以后，留在人们心上的伤疤就像这些钉子眼，很难消除，伤害一个人很容易，恢复美好的情感却是相当困难的。"孩子羞愧地低下头，为自己以往的过失懊悔不已，密密麻麻的钉子眼就像钉在自己心上一样让他痛苦不堪。

父亲用最有效的方法成功地使儿子改掉了自己的坏脾气。其实，愤怒是我们普通人在生活中常遇到的一种问题，它是心理的一种反应，但也不能让它无限制地蔓延，我们应当做自己情绪的主人，而不是被它所主宰。

舍与得

第九章
舍弃计较，赢得宽容

古人常言："宰相肚里能撑船，将军额头能跑马。"做人要有宽阔的胸怀。为理想而奋斗的过程中需要这份宽广的胸襟，学习生活工作中需要这份气度，同事朋友夫妻之间需要这种宽容，而我们的社会使命也需要你有像蓝天一样宽广的胸襟。

多一分宽容

　　低头处事是一门艺术，抬头做人是一门学问，每一个生活在现实社会中的人，都希望成功，获得自己想要的，但是却不知道变通，不懂得处事之则，不爱惜自己，不会做人。做事不必争强好胜，应脚踏实地，做人不必孤芳自赏，应光明磊落。获得成功的人生就这么简单。

　　处事是一门学问，做人是一门艺术，一个人不管多聪明，多能干，但是不懂得如何处事，不知道应该怎样做人，最终必定失败，弯下腰来处事，挺起胸膛做人，处事多宽容，做人坦荡荡，不计恩怨做事，不要阴谋做人，这样的人到哪里都受欢迎。

　　低头做事，是一种心境，一种作风，一种品格，古人有云："海纳百川，有容乃大。"低头做事即多动脑，多思索，什么事该做，什么事不该做，怎样去处事，怎样去做事，处事理情应以德报怨，做事应脚踏实地。

　　低下头来不是说让你卑躬屈膝，拍人马屁，暗中捣鬼，而是低头埋首苦干，不要花招，不搞阴谋，不挟私报怨。

　　在一个乡村里住着一对很清贫但是很恩爱的老夫妇，有一天他们家里实在没有东西吃了，老头子看着老太婆虽然没有抱怨，但是心里惭愧极了，他决定把家里唯一值钱的马拉到市场上去换些吃的东西回来。

　　老太婆知道马是老头子的命，但是老头子却为了她去把马卖了，她的心里感动极了。当老头子去卖马的时候，看到一个拉母牛的人很是可怜就用自己的马与他换了没有用的母牛，又看到卖羊的也十分可怜，他又拿自己的母牛换成了一头羊，后来又用自己的羊去换了一只鸡，到最后只得到一大袋烂苹果。

他扛着烂苹果来到茶馆里歇脚，遇上两个英国人，在聊天中听到了他换东西的经过，不禁哈哈大笑说他回去一定会挨老婆的骂，但是老头子相信自己的妻子不会骂他，于是就打赌输的一方要赔偿一袋子金币。

于是三人一起回到老头子家中。老太婆见老头子回来了，非常高兴，又是给他拧毛巾擦脸又是端水解渴，听老头子讲赶集的经过。他毫不隐瞒，把自己换东西的全过程一五一十地从头说到尾。老太婆每听老头子讲到用一种东西换了另一种东西，她竟十分激动地予以表扬：

"哦，我们有牛奶了！"

"羊奶也同样好喝！"

"哦，我们有鸡蛋吃了！"

最后听到老头子背回一袋已开始腐烂的苹果时，她同样不愠不恼，大声说："我们今晚就可以吃到苹果馅饼了！"说完搂起老头子，深情地吻他的额头……

两个英国人看得目瞪口呆，不用说，英国人就这样输掉了一袋金币。

当出现矛盾的时候，并不是争吵才能够解决，有时候退一步，表达了一种关爱与善良，也表现出了一种大度，你的包容会唤醒他本善的意识，他自会感到惭愧，觉得做事的确有欠考虑，自然而然会为你考虑。

低下头来处理事情，以一种包容的心去对待，心平气和地去解决这件事情，那么它将是一种人类美德，一种中国传统的讲究与品行，所谓："胸中常容渡人船"，给别人留有余地，自己将得一片蓝天；给别人留一条后路，自己才会有宽阔的前景；予人玫瑰，手留余香。

气量有多大，事业就有多大

在生活中，心胸狭隘的人成就小事是有的，这叫小人得志，但是要想做一番大事业，简直是天方夜谭、痴人说梦。因此，只有敞开胸怀，才能收获非凡的成就。

阿尔伯特·爱因斯坦说："对于我来说，生命的意义在于设身处地替人着想，忧他人之所忧，乐他人之所乐。"一个人只有学会宽容，才有包容万物的气度，他的胸怀便如大海般宽广，任波浪滔天，一切尽在掌握。宽容是每个成大事的人所必须具有的素质，他可以吸收所有人的力量而为我所用，他可以集合所有人的智慧铸就自己的辉煌。

拿破仑在长期的军旅生涯中养成了宽容他人的美德。作为全军的统帅，少不了训斥部下，但他每次都能照顾到士兵的情绪。他对士兵的这种尊重，也使整个军队更加团结，手下的将领也更愿意为他卖命，而这种凝聚力也让他的军队成为一支攻无不克、战无不胜的劲旅。

在一次战斗中，拿破仑夜间巡岗时发现一名巡岗士兵倚着旁边的大树睡着了。他并没有责骂他，也没有将他叫醒，而是拿起他的枪替他站起了岗。士兵醒来后见到主帅，心中十分恐慌，急忙向拿破仑请罪，但拿破仑却很和蔼地对他说："你们作战很辛苦，又走了那么远的路，打瞌睡是可以原谅的，但是目前一疏忽就有可能送了你的小命，我不困，所以替你站了一会儿，但下次一定要小心。"

正是因为拿破仑的这种宽容，让他在士兵中树立了很高的威信，所以他的士兵才可以横扫欧洲，助他建立了法兰西帝国。

在中国古代史上，唐朝是不可忽视的，其深远的影响力甚至已经超出了历史的界限，一直延续到现在。至今，海外华人聚居地仍然习惯上被称为"唐人街"，唐装仍然作为一种时尚的潮流长盛不衰。从古至今，还没有哪个朝代的影响可以像它那样深远。至今，人们嘴里仍然喊着"梦回唐朝"以示对那个朝代的怀念。而所有的这一切都离不开这个朝代的缔造者——唐太宗李世民的功劳。

李世民是我国帝王史上最为有名的一个君主，他开创了一个黄金时代，使我国的封建社会达到了顶峰。身为一代明主，在他身上有着其他君主很少有的品质，这就是宽容、博大。

玄武门之变后，李世民登上了帝王的宝座，当时许多人主张把建成与元吉的党羽斩尽杀绝，但李世民没有这么做，而是以高祖的名义下令招抚人心，得到了像魏徵、王圭等这样的名臣。而这些人也的确不负唐太宗的厚望，对朝廷鞠躬尽瘁，从而开创了唐初的清明盛世。

太宗皇帝的文采也很高。中秋之夜，太宗皇帝在后宫大宴群臣，借着酒兴，自己赋了一首宫体诗，然后交与众人品评。没想到大臣虞世南当众劝李世民不要作这样的诗，因为诗作的内容并不高雅，若民间也争相效仿，到时奢靡之风定会盛行，而这种风气对国家的安定繁荣是不利的。当时太宗皇帝兴致正浓，没想到当众被泼了一盆冷水，其难堪可想而知。但是太宗皇帝并没有生气，反而因为虞世南大胆直言而奖励了他。

此外，唐太宗的书法也写得十分漂亮，尤其擅长飞白书。一次大宴群臣，酒酣之际，众大臣向太宗皇帝索要墨宝，太宗写完之后便童心大发，将纸高高举起令众人争抢。众大臣也忘了礼数，刘泊居然跳上了龙椅一把将字抢了过来。

龙椅是古代帝王的象征，代表着皇帝至高无上的权威，是不允许任何人侵犯的。有些头脑清醒的大臣立刻意识到了事情的严重性，刘泊也意识到自己闯了大祸，酒醒了一大半。谁知太宗皇帝却没有治他的罪，而是半开玩笑地问他有没有扭伤脚，当时的气氛立刻缓和了下来，大臣们又尽兴玩乐起来。

在历史上，太宗皇帝一直以善于纳谏著称。对于古代君王而言，尽管个个标榜从谏如流，但是真正懂得忠言逆耳这个道理的却不多见。太宗皇帝之所以能做到这点，就是因为拥有其他帝王难以企及的宽广心胸。

太宗皇帝宽广的胸怀，在对待少数民族的政策上再一次体现出来。唐朝是一个多民族的国家，但是各民族却可以和睦相处，这与太宗皇帝开明的统治是分不开的。他不但制止了少数民族的骚扰，还恢复了同西域及中亚、西亚国家人民交往的通道，使唐朝的影响力远播到世界各地。

对于少数民族首领，唐太宗也体现出了难得的信任。当时，不少部落首领甚至被允许在长安任职，不少将领成了军队的首领，几乎参与了所有的战争。有的少数民族将领甚至还在禁军中担任要职，负责保卫整个皇宫的安全。而这些少数民族将领，也无不尽心竭力，为缔造盛世唐朝做出了不可磨灭的贡献。

在中国帝王史上，也只有唐太宗才有这样的心胸，因此，也只有他才创出了令常人难以企及的万古基业。当时的长安城，不仅是各民族的大都会，也是世界性的大都市。唐朝以泱泱大国的气度，征服了周边国家，形成了万国来朝的局面。

一个人的胸怀，决定了一个人的气度；一个人的气度，又决定了一个人的作为。无论是谁，要想成功，就要获取别人的帮助，这就需要我们学会容人。如果你心中只有自己，那么能利用的也只有自己，就算你再有才华，也难以做出多么辉煌的业绩。只有敞开胸怀，以一种包容的心态接纳一切，我们才有望取得成功。

宽广，就要求我们要学会宽容，可以原谅曾经伤害过我们的人或事。毕竟，一个人最大的痛苦不是遭遇痛苦，而是让自己沉浸在痛苦中不能自拔。所以，不妨给别人一次改过的机会，而自己也可以收获一份平静，何乐而不为呢？

宇宙由于宽广，所以才有了众多的生命，这个世界才充满了生机；大海因为宽广，所以才可汇聚涓涓细流，才有了波浪滔天的壮观；胸怀只有宽广，才能集聚众人的智慧，才能成就一番伟业。

宰相肚里能撑船

有一位哲人说过：宽容和忍让的痛苦，能换来甜蜜的结果。能否原谅曾经反对过自己的人，是能否做到成功用人的一个重要方面。对于现代的领导者来说，要想吸引能人，做到成功用人，就必须有宽大的胸怀，要具备宽容体谅反对者的素质。对于一个企业家而言，是否具有不计前嫌的胸襟，直接关系到他能否纳才、聚才和用才，而且也关系着企业的发展前途。因此，一个优秀的领导者对有才华的反对者就应以宽广的胸怀、大度的气量主动去接近、重用他们，让他们感受到你的爱才之心和容才之量，从而使他们改变对你的态度，并愿意为你所用；同时，也让你更富有吸引优秀人才加盟的个人魅力。

在唐朝时期，有一个吏部尚书，胸怀宽广，心境豁达，满朝大臣都对他敬重有加。

他有一匹皇上赐给的好马和一副马鞍。一次，他的部属没有和他商量，就骑着他的好马出去了。不巧的是，那个部属不小心把马鞍摔坏了。下属吓得不知所措，只能连夜出逃。

吏部尚书了解事情的经过后，马上让人把他找了回来。当然，所有的人都为那个部属捏了一把汗，但出人意料的是，吏部尚书笑了笑对他说："皇上的赏赐只是对我的能力的认可，而并非是一个马鞍。你又不是故意弄坏了马鞍，完全不必像犯了滔天大罪似的逃跑。"

还有一次，吏部尚书在一次战争中得到了许多稀世珍宝，回来后，他就拿出来与大家一起欣赏把玩，其中一个非常漂亮的玛瑙盘，被一个部属不小心摔了个粉碎。这个惹了大祸的部属吓得立刻跪下来赔罪，但吏部尚书却宽容地对他说："你不是故意的，你没有错啊！"大家见吏部尚书一脸轻松的表情，一颗颗悬着的心总算落了地，而且对他更加敬佩。

面对繁杂的大千世界，宽容是居高位者所必备的素质，对于所谓的"异己"，如果在不涉及大是大非的前提下，就应该不去打击、贬抑、排斥，而是应该学会宽容、包容、赞美和与其和谐共处，有如文中的吏部尚书一样。

心胸狭隘的人，往往不会相信任何人，也得不到朋友的关怀和友谊，因此人生的路也就会越走越窄。有句话说：化干戈为玉帛者是机智坦荡之人，化仇恨为友情者是胸怀博大之人。忍一时风平浪静，平息一点点怨恨，都会使你终身受益。

在三国时期，一次，袁绍发布了一个讨伐曹操的檄文，在檄文中，曹操的祖宗三代都被袁绍骂了个畅快淋漓。

曹操看了檄文之后，问手下的人："这是谁写的？"手下的人认为曹操一定会雷霆震怒，于是小心翼翼地说："听说是陈琳写的。"出人意料的是，曹操竟对檄文赞赏有加："陈琳这小子的文章还真不赖，骂得痛快。"

后来发生了官渡之战，袁绍大败，陈琳也被曹操的兵士们捉住。陈琳心想：当初自己把曹操的祖宗都骂了，必死无疑。然而，曹操不仅没有杀陈琳，而且还让他做自己的文书。一次，曹操开玩笑说："你的文笔是不错，但你在檄文中骂我就可以了，为什么还骂我的父亲和祖父呢？"

后来，深受感动的陈琳为曹操出了不少好计策，使曹操颇为受益。

曹操作为乱世枭雄，面对死对头陈琳不仅不治罪，甚至还加以重用，其心胸之宽广可见一斑。众多贤才良将居于曹操麾下也就不难理解了。

宽容是一种开朗。具有宽容心的人，心大，心宽。但宽容的人，绝不是那种佝偻着背、委曲求全的"君子"。当然，宽容是一种心智极高的修养，也是一种理念，是一种至高的精神境界，说到底是对待人生的一种态度。苏东坡一生颠沛流离，也是"卒然临之而不惊，无故加之而不怒"。

凡是宽容的人都比较乐观豁达，他们对任何事情都能看得开，想得远，还能够对别人的不同意见从理解的角度出发，尊重别人的不同想法，从不把自己的观念强加于人，从不是那种"顺我者昌，逆我者亡"的极端个人主义。宽容的人能够给予别人思考和表达见解的权利，宽容将会带来和谐与进步。

一个人要想成功的话，不要只想着自己，不要只顾及自己的感受，也要从别人的角度来进行换位思考，从不同角度多为别人着想，对别人宽容大方。这样做了，别人也会将心比心，一旦你需要帮忙也会得到他们的支持，成功就会离你不远。

在这个竞争激烈、商业味十足的社会里，合作无时无处不在，要想合作成功，就不要拘泥于对方的缺点，也不要过于计较利益，只要能够"互惠互利、合作共赢"就可以了。如果你一直是个"个性十足"的强硬派，丝毫不肯宽容退让，而失去了合作，错失了生意良机，到头来吃亏的还是你自己。即使面对一个经常反对、掣肘你的人，哪怕是你的竞争对手，你也要保持一颗宽容处之的心，最后往往会"化干戈为玉帛"，说不定还会成为你的嫡系和死党。因为你要知道，如果一味针尖对麦芒的话，实质上是自己跟自己过不去，生气烦恼的是自己，这无异于是给自己制造麻烦，于人于己没有任何好处。

富兰克林说："宽容大度的人应当袒露自己的一些缺点，以便使朋友们不致难堪。"如果一个人不能有宽广的胸怀，不能虚怀若谷，他就不会知道别人的见解和想法，也不会吸收别人的优点和长处，他们会处在一个闭门造车的境地，失败对于他们来说是不可避免的。只有宽容的人，才善于完善自身的发展和提高素质。

心怀宽广才能成大事

有句谚语是这样说的："肚内能放一座山，才算英雄汉。"一个人的心胸决定着他所取得的成就。我们常说"宰相肚里能撑船"，是说当宰相的人必须具备相当大的气量。

李世民并非唐朝开国皇帝，但他却取得了不朽的业绩。他一手构建了盛世唐朝的框架。在我国历史上，出现的明君不少，开明盛世也不少，但是却没有一个朝代可以像唐朝这样影响深广。这一切，都与唐朝的缔造者——唐太宗李世民是分不开的。

懂得宽容的人，胸怀就像大海一样宽广，他们会汇聚起所有的力量而为我所用。毕竟，一个人的力量是有限的，只有众人的力量才是无穷的。心胸狭隘，不能容人，就会让自己陷入孤立之中，最终的结果只能是失败。

古人云："以小人之心，度君子之腹。"尽管心胸狭小的人不一定是小人，但是他们经常患得患失，无中生有，疑神疑鬼，草木皆兵。

有个人在夜里做了一个梦，在梦里，他见到一位头上戴着白色帽子、脚上穿着一双白鞋、腰间佩带着一把黑剑的壮士，壮士大声责骂他，并把口水吐到他的脸上……于是他从梦中惊醒过来。

第二天，他闷闷不乐地对朋友说道："从小到大，我还没有受到过别人的欺负。但是昨天夜里在梦中却被人辱骂，还吐了我一脸的口水，我咽不下这口气，一定要把这个人找出来，否则我就不活在这个世界上了。"

从此，每天一早起来，他就站在熙来攘往的十字路口，寻找梦中的仇人。半年过去了，他依然没有找到梦里的那个人，并且内心的仇恨也越来越深。

后来，他竟然自杀了。

其实，我们常常假想一些与己为敌的人——这在心胸狭隘的人那里尤为盛行，而后在心里积聚更多的仇恨，这些仇恨又转化为毒素，最终把自己活活地给毒死。

所以，无论做人还是做事，我们都应该学会宽容。宽容会让我们的生活更加和谐，也会让我们的事业更加成功。

宽容能赢得一切

俗话说：海纳百川，有容乃大。壁立千仞，无欲则刚。只要大家少一点心浮气躁，多一点包容之心，任何不快都可以避免。其实忍一时风平浪静，退一步海阔天空，又何必为了一点小事儿怀恨不已呢？这样做不仅对他人不利，对自己也是一点好处都没有。

有一只蚌在水中畅游的时候，一粒沙子进入了它的体内，从此它的苦难便开始了，那粒沙子不断磨着它的肉体，使它在痛苦中挣扎着，终于有一天，那粒沙子竟然变成了一颗晶莹透亮的珍珠。

包容苦难的结果使一只伤痛的蚌变成了一只高贵的蚌，所以命运是公平的，没有什么好抱怨的，如果有那就该抱怨我们对待生活的方式，用一颗温柔之心去包容生活中的苦难，就会把痛苦变成美丽的点缀，柔弱的蚌包容和改变着那粒沙子，最后使它成为自己身体里最美好的一部分。每个人的心中都有一粒沙子，日夜折磨着疲惫的生命，有多少人能对那粒沙子报以宽容的一笑呢？

小洛克菲勒在1951年的时候，还是科罗拉多州的一个不起眼的人。当时，发生了美国工业史上最激烈的罢工，并且持续两年之久。愤怒的矿工要求科罗拉多燃料钢铁公司提高薪水，小洛克菲勒正负责管理这家公司。由于群情激奋，公司的财产遭受破坏，军队前来镇压，因而造成了流血事件，不少罢工工人被射杀。

那样的情况，可以说是民怨沸腾，小洛克菲勒后来却赢得了罢工者的信服。他是怎么做到的呢？小洛克菲勒花了好几个星期结交朋友，并向罢工代表发表讲话。那次的讲话不但平息了众怒，还为他自己赢得了不少赞赏。演说的内容是这样的：这是我一生中最值得纪念的日子，因为这是我第一次有幸能和这家大公司的员工代表见面，还有公司行政人员和管理人员。我可以告诉你们，我很高兴站在这里，有生之年都不会忘记这次聚会。假如这次聚会提早两个星期举行，那么对你们来说，我只是一个陌生人，我也只认得少数的几张面孔。由于上星期以来，我有机会拜访附近整个南矿区的营地，私下和大部分代表交谈过。我拜访过你们的家庭，与你们的家人见面，因而现在我不算是一个陌生人，可以说是朋友了。基于这份相互的友谊，我很高兴有这个机会和大家讨论我们的共同利益。由于这次会议是由资方和劳工代表所组成的，承蒙你们的好意，我得以坐在这里。虽然我并非股东或劳工，但我深感与你们关系密切。从某种意义上说，也代表了资方和劳工。

正是这篇出色的演讲，从而使小洛克菲勒和劳工化敌为友。假如小洛克菲勒采用另一种方法，与矿工争得面红耳赤，用不堪入耳的话骂他们，或用话暗示错在他们，用各种理由证明矿工的不是，你想结果如何？只会招惹更多的怨愤和暴行。

不过，每个人都不是完美的，都会说错话，也会做错事。如果一个人对自己做错的事不知道悔改，就不会进步，当然对自己的成长也就非常不利。如果你想赢得人心，首先要让他人相信你是最真诚的朋友。那样就像有一滴蜂蜜吸引住他的心，也就有了一条坦荡大道，通往他的内心深处。但是，对于某些人却不能这样做，你宽容了他们，他们会反咬你一口，这就说明宽容是有条件的，就是你要了解人的本性，什么样的人可以宽容，什么样的人根本是不能宽容的。

还记得农夫与蛇的故事吗？冬天，农夫发现一条冻僵了的蛇躺在地上，他很可怜它，便把它放在自己怀里。蛇苏醒了过来，恢复了它的本性，于是，咬了它的救命恩人一口，夺走了农夫的命。农夫临死前说："我该死，我怜悯恶人，应该受到恶报。"这故事说明，即使对恶人仁至义尽，他们的邪恶本性也是不会改变的。所以，对待那些恶人，你的宽容就是你的罪过。救了恶人害了自己，还留给社会许多不稳定的因素，在某种意义上说，你不是救人的恩人，而是罪犯的帮凶。

著名作家利奥·巴斯卡力之所以取得了卓越的成就，完全得益于小时候父亲对他严格的教育，因为每当他吃完晚饭时，他父亲就会问他："利奥，你今天学了什么？"这时利奥就会把在学校学到的东西告诉父亲。如果实在没有什么好说的，他就会跑进书房拿出书学习一点东西告诉父亲后才上床睡觉。这个习惯一直到他长大后还保持着，每天晚上他都会让自己学到一些东西才肯上床睡觉。

正所谓"人至察则无徒"，你对他人的宽容，其实也就是在欣赏这个人的优点。一个不会欣赏他人优点的人，是不能与他人很好地合作的，这样也就不会很好地利用别人的优点。不会宽容他人的人很容易抓住别人的缺点不放，这样活着不仅对他人是一种很深的伤害，对自己也是一种折磨。假如你愿意让自己快乐，让别人快乐，那就应该学会宽容。当你这么做了，你也会得到别人的加倍补偿。

宽容能赢得一切。对我们的朋友宽容，可以获得珍贵的友谊；对我们的亲人宽容，可以获得宝贵的亲情；对我们的同事宽容，可以获得良好的人际关系；对那些对我们造成伤害的人宽容，可以收获一份安然、宁静与快乐。心理学家认为：适度宽容，对于改善人际关系和身心健康都是有益的。大量事实证明，不会宽容别人，处处斤斤计较，也会对我们自己的心理健康造成不利的影响，因为那样会使自己经常处于一种紧张状态之中。由于内心的矛盾冲突或情绪危机难与化解，极易导致内分泌失调，继而会引起一系列生理上的疾病。而一旦宽恕别人，心理上便会经历一次巨大的转变和净化，这对生活、学习以及事业发展都将有很大的帮助。

学会宽恕别人

勃朗宁说："能宽恕别人是一件好事，但如果能将别人的错误忘得一干二净，那就更好。"宽恕是我们重新焕发青春与热情的基础。一旦我们意识到宽恕的精神力量，我们就已经坐在了司机的座位上，就能将车子平稳地、迅速地开上大道。现在，我们是否在责备自己的同事，认为他对我们做错了什么事情？我们是否因同事过去的错误依然怨恨此人？我们是否有些相信"倘若不是因为他，我本来会更幸福和更成功的"？我们认为这样做有用吗？我们是否意识到，在生活中，我们放不下什么，什么就会紧紧抓住我们？我们是否曾对自己说"我一定会记住人们是怎样对待我的"？作为平常人，要使这些感觉不被重新记起，的确十分困难。然而，这不是不能做到的。一旦我们真正开始理解宽容能调解一切纠纷，那么，我们就会得到同事的认可和心灵的宁静。

美国第三任总统杰斐逊与第二任总统亚当斯从交恶到宽恕就是一个生动的例子。杰斐逊在就任前夕，到白宫去想告诉亚当斯，他希望针锋相对的竞选活动并没有破坏他们之间的友谊。但据说杰斐逊还来不及开口，亚当斯便咆哮起来："是你把我赶走的！是你把我赶走的！"从此两人断绝联系达数年之久，直到后来杰斐逊的几个邻居去探访亚当斯，这个坚强的老人仍在诉说那件难堪的事，但接着脱口说出："我一直都喜欢杰斐逊，现在仍然喜欢他。"邻居把这话传给了杰斐逊，杰斐逊便请了一个彼此皆熟悉的朋友传话，让亚当斯也知道他的真挚友情。后来，亚当斯回了一封信给他，两人从此开始了美国历史上最伟大的书信往来。这个例子告诉我们，宽容是一种多么可贵的精神、多么高尚的人格。

宽恕曾经伤害过自己的人，不是接受他做的那些伤害自己的事情。宽恕他，只是卸下心里的包袱。当我们放下这种仇恨的包袱时，无论是面对朋友还是仇人，我们都能够赠以甜美的笑容。如果我们因为愤恨而相识，不可否认的是，在我们的心里已经牢牢记住了对方的名字；如果我们因为整天想着如何去报复对方而心事重重，内心极端压抑，那么倒不如放下仇恨，宽恕对方。

美国前总统林肯幼年曾在一家杂货店打工。一次因为顾客的钱被前一位顾客拿走，顾客与林肯发生争执。杂货店的老板为此开除了林肯，老板说："我必须开除你，因为你令顾客对我们店的服务不满意，那么我们将失去许多生意，我们应该学会宽恕顾客的错误，顾客就是我们的上帝。"

在许多年后，林肯当上了总统。做了总统后的林肯说："我应该感谢杂货店的老板，是他让我明白了宽恕是多么重要。"

宽容说起来简单，可做起来并不容易。宽容是一种修养，一种气度，一种德行，更是一种处世的学问。如果我们每个人都能做到宽容，那么，我们的社会就会变得更加友善和美好。所以，我们在与他人相处的过程中，就应该记住一位哲人所讲的话："航行中有一条规律可循，操纵灵敏的船应该给不太灵敏的船让道。"尤其是在我们的工作中，当我们与同事发生矛盾时，我们更要做到宽容，做一个肯理解、容纳他人优点和缺点的人，才会受到人们的欢迎。因此，为了培养和锻炼良好的心理素质，我们要勇于接受宽容的考验，即使在情绪无法控制时，也要忍一忍，就能避免急躁和鲁莽，控制冲动的行为。

列奥纳多·达·芬奇在米兰的圣母教堂画《最后的晚餐》中耶稣的面容时遇到一件令他十分气愤的事，他与共事的员工发生了争执。

事后，他心中充满了怒气，所有的艺术灵感都消失殆尽。达·芬奇仍旧尽自己的努力去画，但他还是画不好耶稣的面容。他又一次次尝试却都失败了，他开始沮丧和不安。最后，达·芬奇终于认识到，他的怒气赶跑了他在创作中必不可少的宁静的心境。他立刻放下画笔，找到那个跟他争吵的人，向那个人道了歉，并请求宽恕。问题解决了，达·芬奇带着宁静与慈祥的心境回到工作上，灵感从他的笔端涌流而出。艺术家以他宽恕的心境抓住了这个奇妙的时刻。直到今天，教堂四壁许多都已毁坏，然而，《最后的晚餐》在世界艺术宝库中仍占有着光辉的一页。

在遭遇到他人的伤害时，不要总想着去报复别人，解心头之恨，冤冤相报何时了？想想他曾给予你的关怀和帮助，想想他对你的一切好处，这样就能以宽容的心态宽恕别人的错，消除彼此之间的误会。要知道，宽容的是别人，受益的是自己。

所以，要学会对伤害过自己的人和敌人说一声"谢谢"，而忘记别人对自己情感或自尊的伤害。不该那么苛刻地要求别人，也许自己也无意中伤害过别人，正期待着宽容与谅解！

学会包容，还心灵一分宁静

安妮·韦斯特曾说过："心灵总是具有宽容的力量。"有句谚语这样说："能宽容他人，就能结束争吵。"

有一个故事讲的是单位里调来一位新主管，据说是个能力很强的人，专门派来整顿业务的；可是日子一天天过去，新主管却毫无作为，每天彬彬有礼地走进办公室后，便躲在里面难得出门，那些本来紧张得要死的坏分子，现在反而更猖獗了。

他哪里是个能人呀！根本是个老好人，比以前的主管更容易唬！

四个月过去了，就在大家对新主管感到失望时，新主管却发威了——坏分子一律开除，能人则获得晋升。下手之快，断事之准，与四个月前表现保守的他相比，简直像换了个人。

年终聚餐时，新主管在酒过三巡之后致辞："相信大家对我刚到任期间的表现，和后来的大刀阔斧，一定感到不解，现在听我说个故事，各位就明白了：我有位朋友，买了栋带着大院的房子，他一搬进去，就将那院子全面整顿，杂草杂树一律清除，改种自己新买的花卉，某日原先的屋主来访，进门大吃一惊地问：'那最名贵的牡丹哪里去了？'我这位朋友才发现，他竟然把牡丹当草铲了。

后来他又买了一栋房子，虽然院子更是杂乱，他却是按兵不动，果然冬天以为是杂树的植物，春天里开了繁花；春天以为是野草的，夏天里成了锦簇；半年都没有动静的小树，秋天居然红了叶。直到暮秋，他才真正认清哪些是无用的植物，而大力铲除，并使所有珍贵的草木得以保存。"说到这儿，主管举起杯来："让我敬在座的每一位，因为如果这办公室是个花园，你们就都是其间的珍木，珍木不可能一年到头开花结果，只有经过长期的观察才认得出。"

在现实生活中，也许我们感到被某同事说的话所伤害；也许我们感到被人利用，也许我们的自尊被伤害，因为在工作或人际关系中，我们被认为理应如何如何。无论原因是什么，由于我们感到委屈，我们可能会带着怨恨的情绪工作。旧日的委屈、怨恨和不平，可能使你感到眼前的一切似乎都没法容忍。

我听过这样一个故事：一位从日本战俘营死里逃生的人，去拜访另一个当时关在一起的难友。

他问这位朋友："你已原谅那群残暴的家伙了吗？"

"是的！我早已原谅他们了。"

"我可是一点都没有原谅他们，我恨透他们了，这些坏蛋害得我家破人亡，至今想起仍让我咬牙切齿！恨不得将他们千刀万剐。"

他的朋友听了之后，静静地应道："若是这样，那他们仍监禁着你。"

每一个人都可能遇上类似的事，如果把它始终记在心上，那么这种不幸会永远跟着你，即使你遇上高兴的事儿，其兴奋程度也会大打折扣。如果非要给宽恕找个理由，那么最好的理由就是：让自己的心灵获取自由。所以我们说：宽容使给予者和接受者都受益。

我们都知道，要是我们都怀有一颗宽容的心，就算双方之间存在着很深的误会，也会渐渐地消除，并最终得到彼此的原谅。曾有一个故事讲的就是早年在美国阿拉斯加，有一位农夫，他的太太因难产而死，遗下一孩子。

他忙于农活，又忙于看家，因没有人帮忙看孩子，就训练一只狗，那狗聪明听话，能照顾小孩，咬着奶瓶喂奶给孩子喝。

有一天，主人出门去了，叫它照顾孩子。

他到了别的乡村，因遇大雪，当日不能回来。第二天才赶回家，狗闻声立即出来迎接主人。他把房门打开一看，到处是血，抬头一望，床上也是血，孩子不见了，狗在身边，满口也是血。主人发现这种情形，以为狗的野性发作，把孩子吃掉了，大怒之下，拿起刀来向着狗头一劈，把狗杀死了。

之后，忽然听到孩子的声音，又见他从床下爬了出来，于是抱起孩子，他看到孩子虽然身上有血，但并未受伤。

他很奇怪，不知究竟是怎么一回事，再看看狗身上，腿上的肉没有了，旁边有一只死狼，口里还咬着狗的肉；狗救了小主人，却被主人误杀了，这真是天下最令人惊奇的误会。

由此可以看出，误会的事，往往是在人们不了解、无理智、无耐心、缺少思考、未能多方体谅对方反省自己、感情极为冲动的情况之下发生的。

误会一开始，即一直只想到对方的千错万错；因此，会使误会越陷越深，弄到不可收拾的地步，人对无知的动物发生误会，都会有如此可怕的严重后果，如果是人与人之间的误会，则后果更是难以想象。

宽容是理解周围的种种纷争而心绪平衡，是容忍一切是是非非。乔治·赫伯特说："不能宽容的人损坏了他自己必须走过的桥。"这句话的智慧在于，宽容双方都受益。当真正的宽容产生时，没有怨恨留下，没有伤害，只有愈合。宽容是一种医治的力量。宽容可以构建一个融合的环境，让大家处在和谐的状态下，共同进步。

为了自己宽恕别人

生活中，如果和他人之间的关系曾经给我们带来了厌恶感，那么我们可能选择"不宽恕"这个人。这就是说，我们允许过去的种种束缚住自己，因为当我们责备别人时，内心得不到平静，这种状况越是持久，我们将越是痛苦。

我们还可以选择"宽恕"，通过宽恕，我们的身体和灵魂都会得以解脱。所谓"宽恕"，并不是让我们认可或是忍受对方的行为，也不是让我们一边厌恶对方，一边忍耐；而是要松开对过去种种的执念，停止对对方的责备，选择那一瞬间的心灵平静。

宽恕是文明的责罚。在有权利责罚时而不责罚，就是宽恕；在有能力报复时而不报复，就是宽恕。做人做事应当拥有这种宽恕的德行。

写过不少美妙的儿童故事的英国学者路易斯小时候常受凶恶的老师侮辱，心灵深受创伤。他几乎一生都不能宽恕这位伤害过自己的老师，且又因为自己的不能宽恕而感到困扰。然而在他去世前不久，他写信告诉朋友道："两三星期前，我忽然醒悟，终于宽恕了那位使我童年极不愉快的老师。多年来我一直努力想做到这一点，每次以为自己已经做到，却发觉还需再努力一试。可是这次我觉得我的确做到了。"这真是大彻大悟啊！

真的，仇恨的习惯是难以破除的。和其他许多坏习惯一样，我们通常要把它粉碎很多次，最后才能把它完全消灭。伤害越深，心理调整所需要的时间就越长。可是久而久之，总会慢慢地把它消灭。

斯宾诺莎说："心不是靠武力征服，而是靠爱和宽容大度征服。"如果一个人能原谅、宽容别人的冒犯，就证明他的心灵是超越了一切伤害的。做人要心胸开阔，对事要思想开明。宽恕人家所不能宽恕的，是一种高贵的行为。

人们在受到伤害的时候，最容易产生两种不同的反应：一种是憎恨，一种是宽恕。

憎恨的情绪，使人一再地沉浸在痛苦的深渊里。如果憎恨的情绪持续在心里发酵，可能会使生活逐渐失去秩序，行为越来越极端，最后一发不可收拾。

而宽恕就不同了。宽恕必须随着"怨怒伤痛"到"没什么"这样的情绪转折，最后认识到不宽恕的坏处，从而积极地去思考如何原谅对方。

有一个人问艾森豪威尔将军的儿子约翰："你父亲会不会一直怀恨别人？""不会，"他回答，"我爸爸从来不浪费一分钟，去想那些不喜欢的人。"

有句老话说：不能生气的人是笨蛋，而不去生气的人才是聪明人。这也是纽约前州长盖诺所推崇的。他被一份内幕小报攻击得体无完肤之后，又被一个疯子打了一枪，这让他几乎送命。当他躺在医院的时候，他说："每天晚上我都原谅所有的事情和每一个人，这样，我才很快乐。"

有一次，一个人问巴鲁曲——他曾经做过威尔逊、哈定、柯立芝、胡佛、罗斯福和杜鲁门六位总统的顾问，他会不会因为他的敌人攻击他而难过。"没有一个人能够羞辱我或者干扰我，"他回答说，"我不让自己这样做。"

也没有人能够羞辱或困扰你——除非你让自己这样做。

棍子和石头也许能打断我们的骨头，可是言语永远也不能伤害我们，我们会生活得很快乐。忘记惹你生气的人，这样做才是明智的。

当看到别人"犯错"时你最好这样：

首先，告诉自己"未必如此"。别人的做法未必是错误的，或者，也许自己还没有理解别人的真实用意。每个人对别人的判断都会受到自己主观因素的影响，不一定完全公正，武断地得出结论很容易引起误会甚至冲突。所以，在做出决定前，一定要弄清楚所有事实。

　　其次，如果你确定对方犯了错，那就告诉自己："人难免会……"人非圣贤，孰能无过，自己应当设法宽恕对方的过错，这样才能将谈话或工作进行下去，也可以让你赢得更多的朋友。

　　再次，如果你为此苦恼甚至动怒，那就问问自己，值得为别人的过失而付出使自己不快乐的代价吗？

　　最后，要通过培养自律、自控的能力，避免自己陷入失控的泥潭。

舍与得

第十章
放下输赢

　　输赢都是过眼云烟，给他人一点宽容，赢了棋不炫耀，输了也不给对手难堪。不要把自己的愤怒发泄在对手的身上，辱骂或者羞辱对手都是在贬低自己的人格。今天的对手也许就是你明天的好朋友，多给朋友一些关爱，在输赢面前坦然自若。

输赢得失且笑看

在河的两岸，分别住着一个和尚与一个农夫。

和尚每天看着农夫日出而作、日落而息，生活看起来非常充实，令他相当羡慕。而农夫也在对岸，看见和尚每天都是无忧无虑地诵经、敲钟，生活十分轻松，令他非常向往。因此，在他们的心中产生了一个共同的念头：真想到对岸去！换个新生活！

有一天，他们碰巧见面了，两人商谈一番，并达成交换身份的协议，农夫变成和尚，而和尚则变成农夫。

当农夫来到和尚的生活环境后，这才发现，和尚的日子一点也不好过，那种敲钟、诵经的工作，看起来很悠闲，事实上却非常烦琐，每个步骤都不能遗漏。更重要的是，僧侣刻板单调的生活非常枯燥乏味，虽然悠闲，却让他觉得无所适从。于是，成为和尚的农夫，每天敲钟、诵经之余都坐在岸边，羡慕地看着在彼岸快乐工作的其他农夫。

至于做了农夫的和尚，重返尘世后，痛苦比农夫还要多，面对俗世的烦忧、辛劳与困惑，他非常怀念当和尚的日子。

因而他也和农夫一样，每天坐在岸边，羡慕地看着对岸步履缓慢的其他和尚，并静静地聆听彼岸传来的诵经声。

这时，在他们的心中，同时响起了一个声音："回去吧！那里才是真正适合我的生活！"

其实，人生不需要太圆满，有个缺口让福气流向别人也是件很美的事。而面对这不圆满的人生最重要的是要有知足之心，能够笑看输

第十章　放下输赢

赢得失。以下几个方面可助你达到这种境界：

1. 赞美孤独。笑看输赢的人总是能够给自己留出时间，享受独处的欢乐，整理往事、展望前程，想象未来的美好生活。内心贫乏的人，生性急躁，喜欢喧嚣和热闹，一刻也离不开从他人眼中找寻自己赖以生存的保障，独处将倍感寂寞，但自身环境却又窄得令人窒息。笑看输赢的人，独自承受个性滋润、修身养性。他享受宁静和孤寂，在反省中看见自身的不足。他把自己准备得很充分，再投入步调紧凑的生活中去。

2. 帮助他人而不求回报。笑看输赢的人发自真心地帮助别人，不计较名利，因为他知道奉献能让自己的内心充满快乐，更加丰盈。

3. 笑看输赢。笑看输赢的人不计较得失，因为他相信相对于整体而言，损失的不过是小小的局部。他们不会耿耿于怀，不会老是对自己怨艾和指责。知道谁都有犯错的时候，他们勇于承认错误，并宽恕自己和他人，只是会采取行动来挽回损失。满心喜悦地做着自己能力范围内的事。

4. 放弃"多多益善"的想法。人的欲望是无穷的，倘若不断追求物质上的"更多、更好"，那么精神上永远不会得到满足。

总之，懂得每个人的生命都有欠缺，笑看人生中的输赢得失，同时珍惜自己所拥有的一切，慢慢地，你会发现自己所拥有的其实很多。

舍得一时的输赢

古往今来，胜负乃兵家常事，一次成功并不等于一辈子成功，一次失败也不意味着今生的失败，输赢只是暂时的，只有看淡成败才能最终取得胜利。商界名人胡雪岩就是这么一位不在乎输赢的大人物。

太平天国运动初期，胡雪岩听说了京城里发行官票的消息。其实，消息并不是直接传到胡雪岩耳朵里的，而是与胡雪岩有一定交情的刘二爷在路上遇到了钱庄的刘庆生。当时刘庆生手里拿着两张从京城传出的新发行的银票，就叫刘二爷见识了一下。刘二爷一看，坏了。这肯定是朝廷为了凑军饷而想出来的一种敛财招数。如果钱庄应付不当，不仅会有损失，甚至会有灭顶之灾。

刘二爷拿了银票，赶紧与邻近的钱庄老板会合，去找胡雪岩商议，胡雪岩仔细看了一下银票，说："各位如此紧张，就是因为这件事如果应对不好，就可能给大家带来灾难。在我看来，各位都把成败看得太重了。我们一手创建这钱庄，虽然不容易，毕竟也是意外之财。咱们之中，开始的时候，谁曾有万贯家财？如果真的失败了，也不过是回到了原点，何必那么紧张呢？"看看众人都面色沉重，胡雪岩接着说："都说乱世出英雄。越是乱的时候，就越有机会。有其弊必有其利。如果各位都看不开成败，不敢放手一搏，那么也只能让赚钱的机会在我们眼皮子底下溜走了。"

刘二爷等人也是明白人，听了胡雪岩的这番话，觉得很有道理，自觉获益匪浅，于是，他进一步向胡雪岩请教其中的道理。胡雪岩就此提出了自己的看法。他觉得官府发行这种银票，无非是想凑齐了银子对付太平军。眼下，太平军只甘于守城，虽然战斗力很强，但是势头不盛。官军中有曾国藩、左宗棠二人带兵，自然不可小觑，再加上洋人的相助，官军必胜无疑。如果钱庄能够助官军一臂之力，那么等到胜利了，无论是做什么生意，朝廷都会一路放行的，哪还有不发财的道理？

众人觉得胡雪岩分析得很透彻，就委托他做代理，处理新银票发行的所有事宜。朝廷向钱庄发放银票两天后，胡雪岩很快将官府所需的20万两银子凑齐了，在兵荒马乱的时代里，钱庄能够出现如此支持朝廷政令的景象，让官员们很是吃惊，大家都对胡雪岩很佩服。自此，胡雪岩不仅在同行里得到敬重，在朝廷里也颇具影响力。

胡雪岩在事业上发展的过程中，并不是一帆风顺，做什么事情都能一本万利，更不是他有十足的预测能力，能够洞悉一切事物的结果，而是他在做的时候，能够看淡成败，不惧前方的困难险阻，只要认准了目标，就能勇敢地前行。

相比之下，很多人都把成败看得太重了，顾虑太多。有的人想换一个新环境，新工作，可是又害怕自己在新的工作中表现不好，业绩不如从前，所以一直没有行动；有的人得了很多奖，也得到了很多人的肯定，可是越是这样压力越大，因为害怕失败，害怕从万人瞩目的高位上掉下来……我们越是小心翼翼，越是可能被心中的担忧拖垮。不如看淡成败，放手一搏。尽管存在着风险，但是会抓住更多的机会，获得更大的发展。

一个人最重要的是要有富足之心，能够笑看输赢得失，这样的人拥有足够的信心实现梦想。

三百六十行，无论从事哪一个行业，总会有竞争，总会有成败，在事业中沉浮，在经验中成长，这才是一个成熟的人的人生轨迹，要知道输赢只是暂时的，重要的是从中汲取经验和智慧。

最糟，也不过是从头再来

"昨天所有的荣誉，已变成遥远的回忆。

辛辛苦苦已度过半生，今夜重又走入风雨。

我不能随波沉浮，为了我挚爱的亲人。

再苦再难也要坚强，只为那些期待眼神。

心若在梦就在，天地之间还有真爱。

看成败人生豪迈，只不过是从头再来。"

相信大家对刘欢的这首《从头再来》不会陌生。曾几何时，这首催人奋发的歌曲陪伴着我们走过了人生的风风雨雨。从绝望无助到勇往直前。

"你怎么了？亲爱的！"妻子笑容可掬地问道。

"完了！完了！我被法院宣告破产了，家里所有的财产明天就要被法院查封了。"他说完便伤心地低头啜泣。

这时妻子柔声问道："你的身体也被查封了吗？"

"没有！"他不解地抬起头来。

"那么，我这个做妻子的也被查封了吗？"

"没有！"他拭了眼角的泪，无助地望了妻子一眼。

"那孩子们呢？"

"他们还小，跟这档子事根本无关呀！"

"既然如此，那么怎么能说家里所有的财产都要被查封呢？你还有一个支持你的妻子以及一群有希望的孩子，而且你有丰富的经验，还拥有上天赐予的健康的身体和灵活的头脑。至于失去的财富，就当是过去白忙一场算了！以后还可以再赚回来的，不是吗？"

三年后，他的公司再发展为《财富》杂志评选的五大企业之一。这一切成就仅靠他妻子的几句话而已。

无论是面临自然灾难还是人生难题，我们都应有一切不过从头再来的勇气和决心。还记得小时候学骑自行车的情形吗？摔倒了，裤子划破了，膝盖也出血了，虽然感到疼痛，然而我们并没有因此而放弃，而是坚强地站起来，拍拍灰尘，扶起自行车继续练习。虽然明知道接下来可能还会摔得鼻青脸肿、鲜血直流，但为了尽快学会骑自行车，再苦再难也坚持了下来。摔倒了再起来，又摔倒了又起来，直到自己学会为止。小时候我们都知道——一切不过从头再来。更何况长大后的我们呢？

"看成败人生豪迈，只不过是从头再来"，刘欢用他豪迈的歌声告诉我们，重新起跑确实不是一件坏事，我们完全可以准备好从头再来。

在社会中打拼，不可能总是一帆风顺，事事顺心，谁都难免遭受挫折与不幸，甚至失败。比如，你的想法得不到家人的支持，你的创意总是被老板否定，当你试图主动提建议时总是遭到领导的白眼等，这些都是很多人在奋斗中经历过的挫折，是很难避免的。但是如果你就此把眼光拘泥于挫折的痛感之上，就很难抬头向前看，更不会取得跨越性的成功。失败在很大程度上标志着一个新的起点，它是通向成功道路中的一道绚丽风景线，是失败者东山再起的一块基石。失败更是一个鼓励，能激发我们沉睡的激情，锤炼我们的意志，让我们做人生的冠军。

顺其自然者成大器

　　北方的一个农家小院里严重缺水，院子里有一个大缸，承接雨水，用来洗衣服。此刻，一个小女孩正在生着闷气，原来，是几个淘气的孩子总把这缸水搅得浑浑浊浊的。而每当她闻声而来，那几个淘气包早就跑得无影无踪了，小女孩气得直跺脚。奶奶看她被一缸水弄得心神不宁，便安慰她道："你的心怎么比水缸里的水还容易混乱？那些恶作剧的孩子，你越在乎，他们就越高兴，如果不理他们，时间一长，他们就只会觉得自讨没趣。不要担心水，只要不去管它，它最后会变清的。"

　　听了奶奶的话，小女孩不再去理会那群调皮的孩子。他们果然很快就失去了兴趣，水，自然也就澄清了。

　　那群淘气的孩子就如同淘气的命运，总是时不时地给你捣点乱，被搅浑的水，则如同遭遇困境的人生，然而只要不过分在意，以平和的心态坦然应对，正如睿智的奶奶所开导的那样，顺其自然，自然会柳暗花明、水清见底。

　　迪士尼乐园建设时，迪士尼先生为园中道路的布局大伤脑筋，所有征集来的设计方案都不尽如人意。迪士尼先生终于无计可施，一气之下，他命人把空地都植上草坪后就开始营业了。几个星期过后，当迪士尼先生出国考察回来时，看到园中几条蜿蜒曲折的小径和所有游乐景点有机地结合在一起时，不觉大喜过望。他忙喊来负责此项工作的杰克，询问这个设计方案是出自哪位建筑大师的手笔。杰克听后哈哈笑道："哪来的大师呀，这些小径都是被游人踩出来的！"

　　过分追求，不得其道，顺其自然，反而浑然天成。生活中似乎有一双无形的手，操控着世间的一切，而它就像是一个顽皮的孩子，你越是挖空心思去追求一种东西，它越是想方设法不让你得偿所愿，而当你放下心中的执念，听从命运的召唤，许多事情，自然将水到渠成。

　　生命是一种缘，是一种必然与偶然互为表里的机缘。许多事情无法为人所全然掌控，正所谓谋事在人，成事在天，命运的机缘，充满着无限的奥妙。面对生活的困境和内心的烦恼，痴愚之人往往不能自拔，好像脑子里缠了一团毛线，越想越乱，陷在了自己挖的陷阱里；而明智之人明白知足常乐的道理，他们会顺其自然，不去强求不属于自己的东西，静下心来，世间的一切烦恼与忧愁自然也就烟消云散了。

　　禅学告诉我们应当有一颗平常心，切切实实地把握住眼前的一切，实实在在、平平淡淡地去过有意义的生活。生命中的许多东西是不可以强求的，那些刻意追求的东西或许我们终生都得不到，而我们不曾期待的灿烂往往会在我们的淡泊从容中不期而至。太过在意一些东西，只能徒增烦恼，一切顺其自然，生活反而会十分惬意。因此，面对生活中的顺境与逆境，我们应当保持"随时""随性""随喜"的心境，顺其自然，以一种从容淡定的心态来面对人生，这样我们的生活就会有意想不到的收获，顺其自然者，当成大器。

舍与得

第十一章
舍才有得

　　人可以在矛盾中领会真谛、领会得失，人生都是在矛盾中度过的，因此，人生会有很多取舍，只不过在某一时刻、某一时段有人取得多一点，有人舍弃多一点。

有舍，才有得

我们生活的世界原本纷繁复杂，很多东西在追求和面对的时候，需要我们不断地去选择，去割舍。很多时候，鱼与熊掌可以兼得的例子真的很少，你在得到的同时也会经历失去的苦涩。在得与失当中要想做出正确的选择，是一件非常艰难而痛苦的事情，所以需要我们用"看开、放下、平和、淡然"的良好心态来面对。

人生充满变数，所以人生必然是一个不断选择、不断"获得"与"失去"的过程。如果没有一种乐观豁达的心态，那么不管他是多么幸运的一个人，都不会拥有真正完美快乐的人生。人不可能永远只是获得，而从不失去，珍惜曾经的拥有，就是一种最好的生活方式。

所以，得不到就放手，是人生的大智慧。放弃，并不是愤世嫉俗、脱离现实，只是让我们能够在为人处世当中，做一个拿得起放得下的人，活出自我，追求自己想要的生活，不被无谓的世事所牵绊。只有做到这一点，你才会成为一个快乐而充满魅力的人；只有做到这一点，你才会拥有一个成功而幸福的人生。

我们只有真正把握好舍与得的尺度，才能更好地善待自己，才能敲开真正适合自己的成功之门。要知道，人生苦短，不过是来去匆匆的几十年，与其在抱怨中度过，不如为自己营造一份快乐的天地。

舍得是人生的重要课题。追求梦想是每个人的自由，但不要奢望太多，否则你只能不堪重负。该放弃时就放弃，不以物喜，不以己悲，宠辱不惊，淡泊明志，宁静致远，你就会得到幸福。

常言道：退一步，海阔天空。拥有好心态的人，都会看淡人生的得与失，因为他们明白：放弃不是妥协，只是为了让自己走得更远，因为恰到好处的放弃，就是一种进取。

有这样一句话：人生就像一段旅程，不必在乎目的地，在乎的是沿途的风景以及看风景的心情。是啊，人生的风景如此美好，我们又怎么忍心错过？又何必让那些名誉、地位、财富、人际关系、烦恼、郁闷、挫折、沮丧、压力等，来搅扰我们看风景的心情呢？

那么，就将那些早该丢弃而未丢弃的东西丢掉吧，让生活重新开始，让自己轻装上阵，只有这样，你才能拥有无遗憾的人生。

如果我们到寺院去，请求禅师开示，几乎所有的禅师都会给你说六个字："看破、放下、自在！"这六个字确实道出了人生的妙处。只有看得破，才能放下下。只有放得下，人生才能自在。人生在世，需要的就是这份从容洒脱。对于忙忙碌碌的现代人来说，首先要做到的，就是看破、放下。在人的一生中，每个人都要做好这两门功课。人要敢于放弃一些东西，才能够轻松地去争取一些收获，假如什么都不肯放弃，那也没有时间和精力去追求新的收获。

舍得，是先舍而后得，而不是先得而后舍。当然，每个人都想得到的越多越好，那是不可能的，因为你两只手只能抓住两样东西，永远没有可能得到所有的东西。

在面对困境的时候，懂得适时舍弃，你就能更好的保持，不值得舍弃一分一毫，最终你将损失殆尽，一无所有。就像下面这个狼与孔雀的故事：

在长白山区，一些猎人常在狼出没的地方埋下一种"闸"，狼一旦踩到，腿就会被牢牢地夹住。当狼拼死挣扎逃脱无望时，就会果断地将自己被夹住的腿咬断，以求得逃生。

狼用失去一条腿的代价，而保全了自己的性命。狼的这种积极的得失观，让我想到了另一种动物，它就是孔雀。

据说，雄孔雀最珍惜自己的美尾，所以猎人专门选择下大雨的时候出击。这时孔雀的美尾已被淋湿，它担心这时飞起会弄坏了它的美尾，所以宁愿被捉也绝不动弹，于是纷纷"落网"。孔雀因害怕失去漂亮的美尾，结果丢失了整个自由和生命。

当我们面对人生的得与失时，多想想狼与孔雀吧，也许，我们可以从中学会树立正确的得失观，在得与失面前，做出智慧的选择。

工作稳定、受重用、待遇好、体面、高薪、自由、有成就感……听起来每一项都是值得我们奋斗的目标，一旦拥有，便害怕失去，而拥有得失越多，害怕也越多，正所谓，患得患失，患失患得，两者从来都是紧密相连的。

在不同的生活环境中，你可能面临着不同的"失去"的威胁。如果你是刚参加工作的新人，你遇到的更多是知识、经验、能力的门槛，但是工作几年之后，你会遇到裁员、转型等新的障碍区；职位低的时候，压力主要来自"正确做事"的挑战；升职后，一部分压力则源于"继续晋升"的挑战……

那么，如何突破因"害怕失去"而引发的压力呢？这就是要真实地面对内心，看清自己的"恐惧"，看清自己究竟会失去什么？失去了又如何？

首先请扪心自问你担心失去什么：饭碗？职位？上司的器重？晋升的机会？……你还需要看一看你可能失去的对你意味着什么，负面影响是暂时的还是长期的、根本的还是局部的、可以理解的还是无法承受的。总之，如果你要缓解压力，就必须像旁观者一样理性地审核症结所在。

姜小姐在一家公司做销售经理已经5年了，业绩一直非常好。近一年来，外部竞争越来越激烈，她所在公司的优势渐渐弱化，再加上老板的管理方式显得很落后，姜小姐感觉越做越辛苦，尽管工作量没有增加，但工作压力却越来越大。

她的工作压力主要来自内心。她是一个追求完美的女性，在事业上从来不愿意半途而废。多年来她努力取得的成绩有目共睹，老板在公司发展初期也表现出了令人信服的能力，但是当企业发展到了一个关键阶段时，老板的局限性表现出来了，姜小姐意识到了这一点，也意识到了追求理想的难度，这时候她感觉压力增大了。她害怕公司失去原有的竞争能力，害怕公司失去奋斗了多年才占据的行业优越地位，害怕自己失去追求理想的方向和动力，害怕自己多年努力而来的成果随着公司的下滑而丢掉。

姜小姐如果要缓解这种害怕失去的压力，她必须看清楚自己怕的到底是什么，然后客观地评估这些担心有没有可行的解决办法。与其害怕失去，不如学会放弃权衡取舍，主动"失去"。

生活中的你也许从来都不想放弃任何好处，因此才会总表现得患得患失，为了让自己生活得更轻松一些，你就应该学着坦然面对得失，因为有所失才能有所得，而且失掉的越多，得到的也才能越多。

得与失之间，要大胆地取舍

成长的道路上，我们不知不觉中积累了很多错误的思想观念和行为习惯，这些观念和习惯阻碍了我们前进的步伐。由于长期以来身陷其中，我们已经抽身乏术，甚至是难以割舍，下意识牢牢地抓着那些阻碍我们进步的事物。

固有的行为习惯和不明智的观念，仿佛是我们生命中长出的一些杂草害虫，侵害着我们美丽丰富的人生花园，搞乱了我们幸福家园的田地。我们要学会将这些杂草铲除和舍弃。舍弃我们人生花园和田地里的这些杂草害虫，我们才有机会获得良好的发展，得到人生的飞跃。我们才能在人生的土地上播下良种，致力于有价值的耕种，最终收获丰硕的粮食，在人生的花园采摘到鲜丽的花朵。我们要经常地有所舍弃，要学会经常否定自己，把自己生活中和内心里的一些东西断然扔弃。只有舍弃那些缺点和错误的观念，摆脱那些妨碍我们发展的羁绊，我们才能得到最好的自己。

有舍才有得。在得与失之间，要做大胆地取舍，这是中华民族五千年古老智慧的精髓。"舍"与"得"虽是反义，却是一物的两面，既对立又统一，是一个矛盾统一体。"舍"是放弃，却成了成因，结出了"得"的成果，不舍者不得，得亦因舍而得。

舍弃得过且过、急功近利等错误观念，才能获得120分的正确思路；舍弃"存钱=理财"、只靠自己赚钱等思想误区，才能获得120分的创富能力；舍弃顽固守旧、纸上谈兵等负面思维，才能获得120分的聪明头脑；舍弃自卑抱怨、甘于平庸等消极心态，才能获得120分的积极情绪；舍弃争强好胜、好高骛远的性格弱项，才能获得120分的成功资本；舍弃死要面子、患得患失等心理负担，才能获得120分的生活激情;舍弃拖拉懒散、不分轻重缓急的做事风格，才能获得120分的做事结果。

舍弃成功道路上的种种羁绊，才能获得更好的人生。

聪明地舍弃，是对围剿我们的藩篱的一次突围，是对消耗我们精力的事件的有力回击，是对浪费我们生命的敌人的扫射，是让我们能在更大范围去发展生存的前提。

聪明地舍弃，是对捆绑自己的背包的一次清理，丢掉那些不值得我们带走的包袱，拿走拖累我们的行李，我们才可以轻松地走自己的路，人生的旅行才会更加愉快，我们才可以登得高行得远，看到更多更美的人生风景。

有一个朋友,他说他虽然炒股了十几年，但是今年还是因为参考了我的这个博客，所以才赚了不少。因此为了感恩，他打算拿出两万块钱给我。在这里，感谢这个朋友的好心。不过，老实说，我个人不会收不是我个人劳动所得的任何财物。过去在我最艰难的时候，我的一些有钱的朋友也送过几万给我，叫我不要还，但是我仍然坚持要还。因此，希望各位好心的朋友，如果你真的赚了，请回馈给社会一部分。毕竟，这是社会的财富，来之于社会，用之于社会。尤其是这个投机市场里的钱，你赚到的那部分，其实就是别人亏掉的那部分。因此那些亏掉的人可能因为亏得惨而走极端的。

当然亏钱的人之所以亏，那是他们命中注定要破财的，破财消灾，破了财，他们才能平安。如果他们懂得自己的人生周期的话，花出部分钱财去做善事，去积阴德，那么他们未必破得这么惨。所以，你把自己赚到的部分拿去做善事，去积阴德，这样既可以帮自己改善命运，又可以帮亏掉的人，这样一举两得，何乐不为呢？

很多人不明白因果报应关系，往往总是只希望从别人那里索取，却从来没有想过自己先付出，先舍弃。因此他们越想索取，越想强求，也是求不到。而有些人，向来都是先付出，先舍弃，从不打算需要什么回报，但是他们往往得到的更多。正如《金刚经》里说：若以色见我，以音声求我，是人行邪道，不能见如来。因此，如果你只是想从别人那里索取，甚至苦苦去求别人，那么你自己也是走邪道，因此不能得到神灵的保佑，所以求不到。

在股市里也一样。如果你只想索取，从来不回报过社会，那么你也不可能赚得很多的，而且也不可能经常赚钱的。而倘若你能够把赚到的部分拿来做善事，回馈社会，那么得到你恩惠的人会打心眼里感激你。感激你的人越多，你的气场能量就越大，循环得也越好，这样必然对你产生巨大的促进作用，因此会让你的气运更强盛。这样你才能赚得长久。不然都只是昙花一现，即使你能够得到更多，也不会长久。看看那些吝啬和贪婪的金融大鳄有多少个有好下场就知道了。也正因为如此，像巴菲特和索罗斯他们深谙这个因果报应道理，所以他们把很多财富都捐出去，因此他们赚得更多，也赚得长久。而反观中国的金融大鳄，有多少个真正肯回馈社会？用索罗斯的话来说，这些人只是赚钱的机器，没有多少社会价值和意义。

因此，当你的气运非常差的时候，你更要反省自己，更需要做多一些善事，多积一些阴德来弥补自己，这样才能逐渐摆脱命运的束缚。不然，如果你过于贪婪，只会更倒霉。

到今天为止，你拥有的观念和你选择的心态，造就了现在的你；从今以后，你拥有的观念和选择的心态，将造就一个未来的你。舍弃错误观念、消极心态的羁绊，获得正确观念、积极心态的指导，成功会变得容易，人生会更为辉煌！

学会舍得，才能获得

很多人请我预测，虽然痛苦的种类千差万别，但根源只有一个：欲望！

因为欲望，生活变得沉重，想通过预知以后的路，趋吉避凶，寻求苦难的解脱之法。仔细想起来，不管是多准的预测，不管是多好的方法，能不能避免灾难，能不能快乐无忧，关键还在自己！

伟大的作家托尔斯泰曾讲过这样一个故事：有一个人想得到一块土地，地主就对他说："清早，你从这里往外跑，跑一段就插个旗杆，只要你在太阳落山前赶回来，插上旗杆的地都归你。"那人就不要命地跑，太阳偏西了还不知足。太阳落山前，他是跑回来了，但人已精疲力竭，摔个跟头就再没起来。于是有人挖了个坑，就地埋了他。牧师在给这个人做祈祷的时候说："一个人要多少土地呢？就这么大。"人生的许多沮丧都因为你得不到想要的东西，其实，我们辛辛苦苦地奔波劳碌，最终的结局不是只剩下埋葬我们身体的那点土地吗？伊索说得好："许多人想得到更多的东西，却把现在所拥有的也失去了。"这可以说是对得不偿失最好的诠释了。

其实，人人都有欲望，都想过美满幸福的生活，都希望丰衣足食，这是人之常情。但是，如果把这种欲望变成不正当的欲求，变成无止境的贪婪，那我们就无形中成了欲望的奴隶了。在欲望的支配下，我们不得不为了权力、为了地位、为了金钱而削尖了脑袋向里钻。我们常常感到自己非常累，但是仍觉得不满足，因为在我们看来，很多人比自己生活得更富足，很多人的权力比自己大。所以我们别无出路，只能硬着头皮往前冲，在无奈中透支着体力、精力与生命。扪心自问，这样的生活，能不累吗？被欲望沉沉地压着，能不精疲力竭吗？

从出生开始，每个人的后背就背着一个背篓，每走一步路就捡一块石头放进去，这就是为什么感觉生活越来越沉重的道理。生活中我们不断地捡东西放在心里，于是越来越累。

有什么办法可以减轻重量吗？大家异口同声地问同一个问题，有谁愿意把工作、爱情、家庭、友谊、金钱、地位、名声哪一样拿出来扔掉呢？

人这一辈子只有两个时候最轻松：一是出生时，赤条条而来，背着空篓子；一是死亡时，把篓子里的东西倒得干干净净，然后赤条条而去。除此之外就是不断往篓子里放东西的过程。心为形役，所以会感觉到累，可是又不愿放弃篓子里的东西，因为每放弃一样东西，心是会流血的！

生活中舍与得的智慧

生活中，大多数人总希望有所得，以为拥有的东西越多，自己就会越快乐，所以就会沿着追寻获得的路走下去。可是，有一天，忽然发觉，忧郁、无奈、困惑、伤心、无聊、一切不快乐，都和自己的图谋有着密切的联系，之所以不快乐，是因为渴望拥有的东西太多太多了，或者，太过于执着了，以至于不知不觉中，我们已经执迷于某个事物上了。

树立了远大目标，面对人生的重大选择就有了明确的衡量准绳。孟子曰："舍生取义。"这是他的选择标准，也是他人生的追求目标。

著名诗人李白曾有过"仰天大笑出门去，我辈岂是蓬蒿人"的名句，潇洒傲岸之中，透出自己建功立业的豪情壮志。凭借生花妙笔，他很快名扬天下，荣登翰林学士这一古代文人梦寐以求的事业巅峰。但是一段时间之后，他发现自己不过是替皇上点缀升平的御用文人。这时的李白就面临一个选择，是继续安享荣华富贵，还是走向江湖穷困潦倒呢？以自己的追求目标作衡量标准，李白毅然选择了"安能摧眉折腰事权贵，使我不得开心颜"，弃官而去。

一些看似无谓的选择，其实是奠定我们一生重大抉择的基础，古人云："不积跬步，无以至千里；不积小流，无以成江海。"

无论多么远大的理想，伟大的事业，都必须从小处做起，从平凡处做起，所以对于看似琐碎的选择，也要慎重对待，考虑选择的结果是否有益于自己树立的远大目标。

有这样一则故事：一只老鹰被人锁着。它见到一只小鸟唱着歌儿从它身旁掠过，想到自己却……于是它用尽全身的力量，挣脱了锁链，可它也挣折了自己的翅膀。它用折断的翅膀飞翔着，没飞几步，它那血淋淋的身躯还是不得不栽落在地上。

老鹰向往小鸟的自由，挣脱了锁链，却牺牲了自己的翅膀。

自由如果要以牺牲自己的翅膀为代价，实际上也就牺牲了自由。

生活中，也有很多人知道，懂得舍得，才能获得！只是，人事间舍不得的情况，总往往多于舍得：因为家人的干预与阻挠，而使原本真心相爱的两人无法结合，他们舍不得；因为利益的驱使与诱惑，而使原本已经犯错的人无法回头，他们舍不得；因为环境的遭遇与变迁，而使原本蒸蒸日上的事业陷入低谷，他们舍不得……

痛苦失落的时候，痛哭、怨恨、迷茫都于事无补，只有自己想明白了才行。有些事既然不能放弃追求，就要承受为追求理想可能承担的苦痛。其实放弃很容易承担很难，抱怨很容易理解很难。人生短暂，我们学习豁达些、宽容些、懂得舍弃，不难为自己，也许就能活得轻松些。

古人有云："命里有时终须有，命里无时莫强求！"虽然很多时候我们并不相信命运这种东西，但在现实生活中，有时候我们却不得不屈服于命运。命运这种东西，常常是最会捉弄人的，它可以使你从云霄顶端跌入地狱深渊，遍尝人世间的酸甜苦辣。无论你喜不喜欢、愿不愿意，这样的经历都必须走一遭，有时候甚至更多。

在现实生活中，鱼和熊掌，往往是不可兼得的，因而在取与舍之间，总是那么让人难以抉择。抉择之所以如此艰难，常常是因为我们内心舍不得放弃，摇摆不定。所以，很多时候我们必须去学会懂得，人生的道路，总是崎岖的，我们不能把目光仅局限于眼前失去的东西，应该时刻保持一颗感恩的心，感谢生命，感谢人生，感谢生活中别人所给予的。

舍弃一样我们舍不得的东西，或许我们会心痛乃至心碎，但那并不意味着我们就永远也得不到。很多现状只是暂时的，既然目前我们没有能力去解决与应付，那么就算是想得再多也是无益，徒增忧郁伤感。"忍一时风平浪静，退一步海阔天空"，生活的方式是由我们自己去掌握和选择的，快乐或者痛苦，其实都在我们手中。要怎么生活，决定权在我们。

我们在生活中获得的快乐，并不在于我们身处何方，也不在于我们拥有什么，更不在于我们是怎样的一个人，而只在于我们的心灵所达到的境界。因而当我们学会了从得到中失去，从失去中获得，抛弃刻意追求卓越的野心，忘掉时时不如意的烦心，简单地享受生活，我们就是快乐的。这样虽然平平淡淡，但却是生活的真谛。

获得一样我们心所想的东西，或许我们会兴奋乃至欣喜若狂，但那也无法说明我们就一定可以永远占有。

人事间的事情，总是没有绝对完美的，该放弃的时候就应该果断放弃的。对于已经结束的东西，要想挽回总是很艰难的，人生总是有取有舍的，不要一味地争论命运的公平与否，即使生命本来就是不公平的。每个人都会有无能为力的时候，也都有自己的弱点、问题和困难，但是我们的生命终究还是我们自己独有的，所以也只能尽可能地努力，无论你是谁，正在做什么，重要的是做最好的你。

每个人都渴望成功，每个人都渴望改变自己目前不尽如人意的现状，每个人都希望这一生能够做一番事业，但是，生活中有些事情，并不像我们想象的那么简单、那么容易。能够成功的人毕竟总是少数，大多数人往往是终老碌碌无为，毫无所成。所以这一辈子即使我们没有什么大的成就，但只要我们快乐地活着，那就是最大的幸福。

其实，生活原本是有许多快乐的，只是我们常常自生烦恼，"空添许多愁"。许多事业有成的人常常有这样的感慨：事业小有成就，但心里却空空的。好像拥有很多，又好像什么都没有。总是想成功后坐豪华游轮去环游世界，尽情享受一番。但真正成功了，仍然没有时间、没有心情去了却心愿，因为还有许多事情让人放不下……所以没有了快乐。

　　我们在生活中，时刻都在取与舍中选择，我们又总是渴望着取，渴望着占有，常常忽略了舍，忽略了占有的反面：放弃。懂得了放弃的真意，也就理解了"失之东隅，收之桑榆"的妙谛。多一点中和的思想，静观万物，体会与世一样博大的诗意，我们自然会懂得适时地有所收获，这正是我们获得内心平衡、获得快乐的好方法。

舍弃错误的观念

有什么样的思维观念就有什么样的人生，舍弃错误的观念，获得良好的思维习惯，会让你受益匪浅。

眼下，"过得去""马马虎虎"似乎成了大家的口头禅。和久不联系的朋友见面，大家互问情况，答案往往都是"还过得去吧"。问到工作情况怎么样，大多数人都是马马虎虎；问到生活情况怎么样，大多数人也都是过得去。当然，我们不可否认，这些答案都是一种谦虚的应答，但是时下的人还真是很多都马马虎虎了。收入也好、感情也好、工作状态也好，什么都是差不多就行了，于是也就差不多一辈子下去了。

其实，这种得过且过的态度是很不利于自己的，就像歇后语里面说的"当一天和尚撞一天钟"，活着就是为了每天撞那个钟，甚至那个钟都只是撞得马马虎虎。这样的人生我们是不推崇的，来到世上谁不想要风风光光地走过一辈子呢?至少当我们年老时回忆起自己的人生，要有着可回忆的记录，有着常人不曾有的精品历史，而不是差不多就完了。

先来看一下代表得过且过思想的"马马虎虎"这个词的来源。

宋代时京城有一个画家，作画往往随心所欲，令人搞不清他画的究竟是什么。

一次，他刚画好一个虎头，碰上有人来请他画马，他就随手在虎头后画上马的身子。来人问他画的是马还是虎，他答："马马虎虎!"来人不要，他便将画挂在厅堂。大儿子见了问他画里是什么，他说是虎，次儿子问他，他却说是马。

不久，大儿子外出打猎时，把人家的马当老虎射死了，画家不得不给马主赔钱。他的小儿子外出碰上老虎，却以为是马，想去骑，结果被老虎活活咬死了。画家悲痛万分，把画烧了，还写了一首诗自责："马虎图，马虎图，似马又似虎，长子依图射死马，次子依图喂了虎。草堂焚毁马虎图，奉劝诸君莫学吾。"

虽然这首诗从文学方面来看不怎么样，但是"马虎"这个词却流传开来。这可是血的教训换来了对这种得过且过的人生态度的批判之词，可后人还是照样坚持错误的做法，这怎能不叫人悲哀呢？

早在20世纪初期，鲁迅先生就一针见血地指出，中国四亿人生着一种病，病的名称就是马马虎虎，不医好这个病，是不能救中国的。胡适先生曾写过《差不多先生传》，批评当时的国人缺少认真的精神。有没有认真的工作态度，有没有敬业的精神，不仅关系一个国家的精神风貌，更关系着国家的强弱、民族的兴衰。

对个人来说也是这样，得过且过的态度会让我们太容易满足于现状，不知道进取。得过且过也容易让我们缺乏对事情的认真态度，做不出精细的东西来，甚至会造成灾祸。而人生就是由一件又一件的事情组成的，没有高品质的事情，又怎么能组成高品质的人生呢？

人一旦对自己抱着得过且过的心态，就会把对自己的要求放低，这是对自己不负责任的表现。对自己要求过低，就容易倦怠，产生无所谓的观点，如果对什么事情都无所谓了，那也就相当于放弃了自己进步的机会了。

正确的做法应该是对自己严格要求，让自己有精益求精的做法。对自己的技术精益求精，可以让你的技术更加进步，山外有山人外有人。对生活质量精益求精，可以让你看到更好的生活方式，让你的生活更加美好。

一个流传了很久的故事很好地说明了精益求精的态度能带来的好处。

从前，有一个小木匠外出做工。时值秋天，要回家收秋。几个月下来整天忙于工作，挣了许多银子。可是自己的头发也长得很长了，要回家啦，怎么也得剃剃头吧。小木匠挑着自己的家伙什儿正走着，看到一家理发摊点，只见一位理发师傅，白白胖胖，粗手粗脚，看起来很笨拙，身穿白大褂，坐在凳子上抽着烟，很悠闲的样子，看来还没生意。

这里剃吧。于是，他走到理发师傅面前，放下自己的挑子，摸了摸自己压得难受的肩膀，伸了伸腰说："师傅，生意可好啊?"

理发师傅赶忙赔上笑脸："借你吉言还好，要剃头吗?"

小木匠说："是啊，要回家收秋啦，理个光头吧。"

"好嘞!"理发师边倒热水，边招呼客人坐下。小木匠稳稳地坐下后，理发师傅仔仔细细地给小木匠洗好头，不慌不忙地磨好剃头刀，说："师傅有三个月没理发了吧?"

小木匠略一掐算："师傅好眼力，整整三个月，一天不差。"

理发师傅说："师傅哎，我要开始剃啦。"说着，将剃头刀子在小木匠的眼前一晃，手指一搓向上一扔，只见剃头刀滴溜溜打着转，带着瘆人的寒风向空中飞去，当刀落下时，只见剃头师傅手疾眼快，一伸手稳稳地接住剃头刀子，并顺势砍向小木匠的头，这下可把小木匠给吓坏啦。"啊!"声还没叫出，只觉头皮一凉，紧接着听到"嚓"的一声，一缕头发已经被削下，这时小木匠才"啊"的一声，刚要一闪："你要干什么?"剃头师傅用肥胖的手往下一摁说："别动。"说着，刀又旋转着飞向空中，小木匠用力挣扎着要闪，可是被剃头师傅按得紧紧的不能动弹，说时迟那时快剃头师傅一接旋转的刀，"嚓"的一声又是一缕头发落地，小木匠脸都吓白了，又不能挣脱，只好闭上眼睛，心想："这下完了，小命儿不保啦。"只见剃头师傅就这样一刀接一刀，三下五除二，不一会儿就给小木匠剃好了头，拿过镜子一照，嘿，一点没伤着，而且剃得锃明瓦亮。

这时，小木匠长舒一口气，从惊悸中苏醒过来，但浑身还在颤抖。突然，一只苍蝇嗡嗡着正好落在剃头师傅的鼻子尖上，小木匠手疾眼快，从自己的挑子中抽出锛子抡圆了照着剃头师傅砍去。这时剃头师傅刚要用手赶走落在鼻子上的苍蝇，只见小木匠双手一起，不知什么东西砸向自己，感到眼前一晃，一阵风从面前吹过。剃头师傅更是吓了一跳，还没醒过味来，只见小木匠将锛子头向他面前一伸，只见上面半只苍蝇的两只翅膀还在呼扇，小木匠又拿了镜子给剃头师傅一照，剃头师傅又看见另一半苍蝇落在自己的鼻子上，两只前腿还在伸张。原来，活活的一只苍蝇被小木匠这一锛子劈成了两半。看完两个人哈哈大笑，相互佩服对方的精湛技艺。

我们除了佩服这两位师傅精湛的技术外，我们还要思考这样的问题，假如这两位师傅都只是得过且过之辈，他们能有这样让人惊叹的技术吗？肯定是不能的。

"人生就是逆水行舟，不进则退。"想要在这竞争的社会中取得一席之地并不容易，没有进取心，做事总是马马虎虎，那么，我们所有的能力、天分、智慧和独创力都将会因此而逐渐消失，永无出头之日。而做事精益求精，不但可以使我们心情愉快、精神饱满，还可以使我们的才能迅速提高，学识日渐充实，而最终提升自己的人生品位。

一位工作得完美无缺的人，不管走到何处，总会受到别人欢迎。那么，就让我们一起努力吧！

舍得的价值

　　生活中几乎每个人都有这样的毛病，总是想要拥有最好的东西，买化妆品要买最贵的，找女朋友要找最漂亮的，找工作要找工资最高的，创业找项目要找最赚钱的。

　　王婷，一个年近中旬的女强人，经营着当地一家很有名的酒店，为人精明强干，做事果断，与当地的一些上流人物相处得非常融洽，所以她的酒店在当地生意特别好。

　　有一天，王婷突然决定要开一家电镀厂，这对于一个完全不懂电镀的门外汉来讲是谈何容易。但是王婷觉得可行，因为她觉得自己善于管理，而且看见几个朋友做得都非常好，利润空间很大。这几个朋友经常向她介绍说电镀厂怎么赚钱，未来发展怎么好，现今是最好的行业，比她的饭店可要划算多了，于是她开始动心了。

　　就这样，很快厂房盖好了，设备也进厂安装好了，业务也通过一些朋友接了过来，接下来就是如何生产和如何抓好生产的事情了。这时候，问题开始慢慢地暴露出来。

　　电镀行业是个比较特殊的行业，要请有技术的专业工程师来管理技术，如果品质做不好，有再大的业务也是白搭。因此，她花高薪从别的厂家挖了两个高工过来，主抓技术。本以为这样就一切顺利了，可事实并不如意。作为一个新开的工厂，首先是运行还没正常运转，再加上初期接的业务就都是难度特别大的，所以一段时间下来一算，亏损。一查原因，返镀率太高，成本太大。照理这时候王婷应该冷静分析，大家开会研究解决方案。而她却不是，她抓着两个高工大骂了一通，说他们不尽责，无能，当时就把两个高工给气跑了。她以为是管理酒店呢，你跑人我再招人，这电镀师傅可和炒菜师傅不一样，炒菜师傅看你有个证书什么的就行了，菜炒得再不好还能凑合着吃，可这电镀不一样的，不良品就是不良品，人家非但不要，还得索赔素材款，就算和客户老板关系再好也没用，由于做不好会直接影响到他的生意，一扯到金钱就容易伤感情了。

在接下来的时间里，又来来走走地请了好几个师傅，可最终都没有找到一个她满意的，加上企业经营越来越不好，她的脾气也变得越来越坏，看谁都不顺眼，动不动就抓住人大骂一通，眼看着企业是经营不下去了。虽说电镀厂经营了没多久，酒店那边的生意也受到了影响，钱垫到电镀厂不少不说，由于酒店那边自己去得也少了，生意也影响了不少。

最后，在万般无奈的情况下，她还是不得不放弃，将所有的车间出租，自己还是回去经营自己的酒店去了，毕竟，这才是她的专长！

有句话说得对："没有最好，只有更好。"人总是看着这山更比那山高。就像王婷，明明自己经营酒店是得心应手，可看着电镀行业好像才是最好的发展，于是不顾一切去做电镀厂。但是，最好的不一定就是最适合自己的，幸好王婷在损失了一笔之后想明白了这个道理。

也许大家要反驳说，当然人人心里都有完美的心态，不要最好的东西那岂不是没有追求的表现?其实不是的，人当然要有自己的目标，但这个目标必须符合实际情况，必须是一种可行的东西。例如，你的目标是做我们国家领袖，可是你根本就没有政治领导的能力，那这个目标就只能是痴人说梦了。再或者你一定要找一个非常漂亮的女孩子做女朋友，可是费尽九牛二虎之力追到手之后，发现脾气不和、吵架不断，那这时候也只能是放弃了。又或者你想找个薪水不菲的工作，找人托关系进去了，后来才发现自己根本没有胜任的能力，到时就不是尴尬能解决问题的了。

所以人要了解自己，所谓知己知彼才能百战不殆。放弃那些辉煌的最好，选择最合适自己的，生活才能和谐美满。鞋子合不合脚只有自己才知道，冷静一些现实一点，才能找到适合自己的生活。

一位青年大学毕业时，豪情万丈地为自己树立了许多辉煌的奋斗目标。可是几年下来后，却一事无成。他满怀烦恼地去找一位智者倾诉。

当他找到智者时，智者正在河边的一间小屋里读书。

笑着听完青年的倾诉，对他说："来，你先帮我烧壶开水!"

青年见墙角里放置着一个很大的水壶，旁边是一个小火灶，可是周围却没有柴火，于是他便出去寻拾。

他在外面拾了一捆枯枝回来，从河里装满一壶水，放在了灶台上，堆放了些柴火便烧了起来。可是由于水壶太大，盛水太多，一捆柴火烧尽了，水也没有烧开。

于是，他跑出去继续寻拾柴火，等拾到足够的柴火回来时，那一壶水已经凉得差不多了。这回他变聪明了，没有急于点火，而是再次出去寻拾了很多柴火，由于柴火准备得充足，一壶水不一会儿就烧开了。

这时，智者忽然问他："如果没有足够的柴火，你该怎样把这壶水烧开?"青年想了片刻，摇摇头。智者说："如果那样，就把壶里的水倒掉一些!"

青年若有所思地点了点头。

"你一开始就踌躇满志，树立了太多的目标，就像这个大壶装的水太多一样，而你又没有准备足够多的柴火，所以不能把水烧开。要想把这壶水烧开，你或者倒出一些水，或者先去准备足够多的柴火!"

青年顿时大悟。

回去后，他把原来计划中所罗列的不适合自己的计划目标一个个删掉，利用业余时间刻苦学习相关的专业知识。两年之后，他的计划目标基本上都实现了。

很多时候，我们都像这个青年一样浪费着自己的光阴去追寻着梦幻般的事物，还在为着自己有一个远大的理想而沾沾自喜。殊不知，到最后自己一事无成的时候，别的务实之人都找到了自己的生活。不要整天沉醉在自己的白日梦里面偷着乐，梦终究有醒的一天，到时候再后悔恐怕就晚了。

目标越宏大，失望可能就会越大，适合自己的目标实现的可能性才会大。实现了一个适合自己的，有了资本之后，别的目标才能成为下一个适合的。

冷静下来分析一下自己，找到最适合自己的目标，奏出最和谐的音符!

曾经有一个少女。一天,她遇到了一个拥有神力的精灵。精灵将她带到一片玉米地前，指着面前郁郁葱葱的玉米对她说，只要她能在其中找到最大最熟的玉米并将其摘下送给精灵，那么少女就可以获得一份极其珍贵的大礼。然而精灵对此提出了极其苛刻的条件：少女可以在玉米地里寻找她认为最大最好的玉米，然而她却只有一次摘取的机会，也就是说一旦少女摘下了玉米，即便她发现了比手中的玉米还有更大更好的玉米，也只能望洋兴叹了。因此，少女必须深思熟虑、慢慢比较，因为一旦做出决定，就无法更改了。并且，直到少女摘下，途中她都不可以停下来休息。只能一直往前走，不允许往回走或走岔路。同时，精灵也向少女承诺，它给的礼物的珍贵程度就看少女所选的玉米的大小、好坏了。

因此，少女若想得到世界上最珍贵的礼物，就得确保摘下来的玉米是整片玉米地里最大最好的。

尽管条件很苛刻，少女还是满心欢喜地开始了她的寻找玉米大冒险。少女一路行来，看到了好多又大又好的玉米。然而心里想着前方一定有比这更大更好的玉米，少女对此不屑一顾。但是，事实却出乎少女的意料。随着少女往前走，土地就越贫瘠，生长出来的玉米因此也越来越小。少女自然不能摘这样的玉米。于是，少女开始感到懊恼，追悔莫及。早知道会这样，就不要这样贪心，挑三拣四的，现在可好了，连一个稍稍正常大小的玉米都摘不着了。后悔了吧？后悔也来不及了，世界上可没有后悔药卖。就在少女追悔不已时，她转念一想：天无绝人之路，说不定前面会有更大的玉米。少女安慰着自己，继续往前走。然而情况似乎更糟了，少女越往前走，所看到的玉米就越小越次。然而，少女依然迟迟下定不了决心。少女不甘心，同时又心怀希望地继续往前走。直到最后她走出了玉米地手里依然空空如也。

生活亦是如此。每天，只要我们踏踏实实地做好一件事，都会得到生活的一份馈赠和收获一份喜悦。然而却有人，心比天高，眼睛长到头顶上去了，对这些馈赠和喜悦视而不见。终日里忙忙碌碌，疲于奔命，美其名曰：真正的有志之士不会沉溺于这些小打小闹的成就，要干必定要干出惊天地、泣鬼神的大事业。真正的有志之士绝不会耽于一时的欢乐，而应致力于追求更崇高的快乐。他们目光炯炯，只注视着远方不知何年何月才会实现的远大理想，等待那遥不可及的喜悦。